气候变化背景下的秦岭积雪变化研究

雷向杰　罗　慧　著

气象出版社
China Meteorological Press

内容简介

本书介绍了秦岭气候生态特点,分析了气候变化背景下秦岭积雪分布和变化的基本事实,以及积雪变化与气温、降水等气候因子变化之间的关系,揭示秦岭积雪变化的主要原因。其中高山积雪变化分析利用了 32 个气象站 30 多年的逐日高山积雪观测记录和近 20 多年的卫星遥感资料。本书还积极探索将防范气候风险、应对气候变化、开发利用气候资源、气象防灾减灾融入经济社会发展各个领域,提出趋利避害、造福人民的风险应对策略,形成决策气象服务科学咨询报告,得到党政部门的重视和应用。

本书可供气象、气候、生态环境、卫星遥感等领域的科研、教学、业务、服务和生态环境保护工作者阅读和参考,也可作为高等院校研究生的教学参考书籍。

图书在版编目(CIP)数据

气候变化背景下的秦岭积雪变化研究/雷向杰,罗慧著.—北京:气象出版社,2020.12

ISBN 978-7-5029-7325-4

Ⅰ.①气… Ⅱ.①雷… ②罗… Ⅲ.①气候变化—关系—秦岭—积雪—研究 Ⅳ.①P426.63

中国版本图书馆 CIP 数据核字(2020)第 229227 号

气候变化背景下的秦岭积雪变化研究

Qihou Bianhua Beijing Xia de Qinling Jixue Bianhua Yanjiu

雷向杰 罗 慧 著

出版发行:气象出版社

地 址:北京市海淀区中关村南大街 46 号　　**邮政编码:**100081

电 话:010-68407112(总编室)　010-68408042(发行部)

网 址:http://www.qxcbs.com　**E-mail:**qxcbs@cma.gov.cn

责任编辑:王萃萃　　　　　　　　　　　**终 审:**吴晓鹏

责任校对:张硕杰　　　　　　　　　　　**责任技编:**赵相宁

封面设计:地大彩印设计中心

印 刷:北京中石油彩色印刷有限责任公司

开 本:787 mm×1092 mm　1/16　　　　**印 张:**8

字 数:208 千字　　　　　　　　　　　**彩 插:**5

版 次:2020 年 12 月第 1 版　　　　　　**印 次:**2020 年 12 月第 1 次印刷

定 价:40.00 元

序

2015 年 2 月，习近平总书记在陕西视察时指出，秦岭是我国南北气候的分界线和重要的生态安全屏障。时隔 5 年，2020 年 4 月，习近平总书记再次在陕西考察秦岭生态环境保护和修复工作时，强调秦岭和合南北、泽被天下，是我国"中央水塔"，是中华民族祖脉和中华文化的重要象征。近年来，秦岭南北麓的高温、干旱、暴雨等极端天气气候事件频发，旱涝分布不均，涵养水源能力降低，气候生态灾害风险增大。陕西气象部门能站在气象工作事关"生命安全、生产发展、生活富裕、生态良好"的战略高度，提前谋划并积极探索如何做好秦岭生态文明建设的气象科学研究和保障服务，是一项值得持续努力投入的重大课题，其主动担当精神很值得肯定。

该书著者有两位，雷向杰正高级工程师、罗慧博士，他们一直在陕西长期从事气候和应用气象问题研究，现在带领团队出版新书《气候变化背景下的秦岭积雪变化研究》。邀我写序，盛情难却，但我在这方面研究不深，只能谈一些认识，我认为该书选题很好，在气候变化大背景下研究秦岭积雪，既有理论价值，又有实际意义，更是一个值得长期研究的课题。

该书作者们用自然学科与社会学科跨学科应用的视野和角度，介绍了秦岭气候生态特点，重点聚焦秦岭积雪分布和变化的基本特点，揭示导致秦岭积雪变化的主要原因。对秦岭典型区域太白山（主峰）和华山积雪变化的基本事实和积雪变化与气温、降水的关系进行了深入的分析。高山积雪分布和变化还利用了 32 个气象站 30 多年来的高山积雪观测记录和近 20 多年的卫星遥感资料，高山积雪观测记录的应用在很大程度上弥补了秦岭高山区缺少气象站监测数据的难题，证实了"太白积雪六月天"的客观存在，与科学实地考察情况相符，还积极回应社会关注的热点，成为本书的亮点之一。难能可贵的是，作者们还积极探索在生态文明建设的框架下，将防范气候风险、应对气候变化、开发利用气候资源、气象灾害、防灾减灾融入经济社会发展各个领域，提出趋利避害、造福人民的风险应对策略，形成决策气象服务科学咨询报告，得到党政部门的重视和应用，为更进一步做好秦岭生态环境保护提供了宝贵的科学决策支撑。

希望作者们带领团队继续深入研究，不断拓展研究视野，并纳入陕西省长期研究课题，让气象学科研究和跨学科应用在秦岭生态环境保护中更有新作为！

中国工程院院士：

2020 年 9 月

前　　言

　　本书利用秦岭 32 个气象站地面积雪观测数据和高山积雪观测记录,对秦岭及其典型区域太白山(主峰)和华山积雪变化的基本事实进行分析,并与卫星遥感监测结果进行比较;通过分析秦岭积雪变化与气温、降水等气候要素的关系,研究秦岭积雪变化(减少)的主要原因。秦岭 32 个气象站高山积雪观测记录的应用揭示了秦岭高山积雪分布和变化特点,弥补了秦岭高山区积雪研究的空白,证实了"太白积雪六月天"的客观存在,发现秦岭存在区域性稳定积雪。高山积雪记录分析结果与实地科学考察结果基本相符,研究结果回应了社会关注热点,成为本书的亮点之一。书中单列一章对秦岭典型区域太白山(主峰)和华山积雪变化事实以及积雪变化与气温、降水的关系进行深入分析。本书还围绕秦岭生态文明建设开展跨学科应用研究,研究结果在《灾害学》《气象软科学》《调研与决策》等期刊上先后发表《秦岭气候生态灾害风险新特征与应对策略》《生态危机资本逻辑批判视野下的中国生态文明建设新"气象"》等多篇文章和气象科技咨询报告,被人民网、新华社和陕西省委《调研与决策》等转发引用和刊用。研究成果形成多篇气象决策服务材料报送地方党委政府,得到批示和应用。2015 年 5 月 27 日至 6 月 4 日,中国气象局、国家应对气候变化战略研究和国际合作中心、陕西省气象局共同举办了"应对气候变化·记录中国——走进陕西"媒体联合科学考察与公众科普活动,第一著者承担了太白山积雪变化分析和陪同考察团对太白山进行实地科学考察的任务;中国天气网等媒体深度跟踪进行报道,回应社会高度关注。

　　本书依托陕西省科技攻关项目"关中地区旱涝现状与演变规律研究"(2014KB-09)、中国气象局气候变化专项"陕西秦岭山区积雪变化及其对气候变化的响应"(CCFS201845)、国家科技基础性工作专项"典型城市人居环境综合调查与城市气候环境图集编制"(2013FY112500)、陕西重点产业创新链(群)项目"秦岭气候生态监测评估与生态修复型人工影响天气试验示范"(2020ZDLSF06-02)等,其中,前二个项目已经陆续验收结题,第四个项目正在加紧开展并已经取得了阶段性成果并呈现在本书中。本书顺利出版得益于以上项目的资助。本书主要内容来自著者主持课题的技术报告,是课题组近几年各阶段已经完成的、部分完成的研究成果，是课题组成员共同协作和辛勤探索的结晶。全书框架设计、前言、后记等由雷向杰、罗慧等完成；第1章简要描述了秦岭的地形地貌、气候和生态环境、气象灾害等，由雷向杰、罗慧完成；第2章分析了秦岭气候生态新特征及其应对策略，由罗慧完成；第3—7章主要内容来自中国气象局气候变化专项"陕西秦岭山区积雪变化及其对气候变化的响应"技术报告，由雷向杰执笔完成，项目参加人员主要有李亚丽、李茜、王娟、韩婷、雷杨娜、赵晓萌、田亮、王毅勇、邢佳欢、徐娟娟等；第8章秦岭积雪变化研究成果应用由雷向杰、罗慧完成。

国家气候中心刘洪滨、孙颖、高荣研究员，南京信息工程大学周波涛教授，西北大学白红英教授，陕西省气候中心陈卫东高级工程师、李明正高级工程师，陕西师范大学肖舜副教授等对研究工作给予大力支持；李佩成院士百忙中为本书写序；陕西师范大学王雨萌，宝鸡文理学院白哲、袁潇、任源鑫，西安市气象局赵荣高级工程师等对本书有贡献；野外实际考察得到宝鸡市气象局，眉县、太白县气象局的大力支持；气象出版社吴庭芳在全书章节布局和文字修改方面提出建设性建议，在此一并致以诚挚的谢意。

由于著者时间仓促、水平有限，书中错误和疏漏、欠妥之处难免，敬请各位同仁和读者批评指正。

著者

2020 年 7 月 26 日

目　　录

第1章 秦岭概况、天气气候特点及灾害防御

广义的秦岭,也就是常说的大秦岭,西起甘肃、青海两省的边境,东到河南省中部,全长约1500 km。包括西倾山、岷山、迭山、终南山、华山、崤山、嵩山、伏牛山等。秦岭是横亘于中国中部的一座巨大山脉,是东西走向的古老褶皱断层山脉,由花岗岩、片岩、千枚岩、石灰岩组成。秦岭是中国南北自然地理及气候的分界线,是黄河流域和长江流域的分水岭,也是渭河、淮河和汉水、嘉陵江水系的分水岭。历史上曾为秦国之地,故称秦山或秦岭。秦岭对中国的意义不仅仅是地理分界线,秦岭和合南北、泽被天下,是我国重要的生态屏障,是中华大地的"中央水塔",是中华民族的祖脉和中华文化的重要象征,被称为中华民族的"父亲山",与阿尔卑斯山、落基山被并称为"地球三姐妹"。

陕西省高度重视秦岭生态环境保护工作,省委、省政府全面落实习近平总书记重要批示指示精神和中央有关部署,强化"绿水青山就是金山银山"理念,坚持保护优先、节约优先和自然恢复为主的方针,持之以恒有效地保护秦岭生态环境,陆续出台《陕西省秦岭生态环境保护条例》和《陕西省秦岭生态环境保护总体规划》。陕西省气象局积极落实陕西省委省政府和中国气象局各项部署,制定《陕西省生态文明建设气象保障服务实施意见》,为"天蓝、地绿、山青、水净"这"四大保卫战"提供气象科技保障。

本书研究区域是秦岭陕西段,即狭义的秦岭、小秦岭或者秦岭中部,处在大秦岭的腹腰地带,约占全部秦岭的1/4。嘉陵江、汉江、(南)洛河的源头,以及秦岭主峰太白山皆在这一段秦岭上,是在地理、生态、人文三维度上"最秦岭"的部分(党双忍,2019)。狭义的秦岭介于关中平原与汉水谷地之间,东西长400~500 km,南北宽100~150 km,是整个秦岭的核心部分,总面积为5.82万 km²,包括商洛市全部行政区域以及西安市、宝鸡市、渭南市、汉中市、安康市的部分行政区域,涉及39个县(市、区)(13个县(市、区)的全部及26个县(市、区)的部分区域,不包括6个开发区),358个乡镇、4000多个行政村,常住人口489万(陕西省秦岭生态环境保护委员会办公室,2020)。

1.1 秦岭自然地理概况

秦岭横贯陕西省东西,北坡陡峻,南坡平缓,多深切峡谷。秦岭有许多全国著名的山峰,如华山、太白山、终南山、骊山等,主峰太白山海拔3771.2 m,是中国大陆东部(105°E以东)第一高山,是中国大陆东部唯一能看到雪山的地方,自古就有"太白积雪六月天"的誉称(单之蔷,2005)。山上有典型的第四纪冰川地貌,有丰富、珍贵的野生动物资源和多种药材,被国家列为重点自然保护区。太白山国家森林公园海拔跨度620~3771.2 m,是我国海拔最高的国家森林公园。秦岭东部华山最高峰南峰海拔高度2154.9 m,群峰挺拔,以险著称(陕西省气象局《陕西气候》编写组,2009)。

　　1959年,中国科学院综合自然区划委员会组织全国数百名专家开展中国自然区划,最终科学家们一致认定,以秦岭为界,在中国版图上划出一道东西向的横线,作为南北大陆地理分界线,这条横线,就是位于中国大陆南北中轴线上的秦岭和淮河。这一自然方面的分界线,后来对人类的经济活动、生产活动乃至生活方式都产生了强烈、深刻的影响。南方北方、南方人北方人,皆因秦岭这座山脉的存在而存在。秦岭南北,无论是自然条件、农业生产方式,还是地理风貌以及人民的生活习俗,都有明显的不同。秦岭以北的大部分地区,河湖冬季结冰,年降水量较少,降水多集中在夏季,所以河流的水量不大,水位变化大,汛期时间也比较短,河流的含沙量较大,北方耕地为旱地,主要作物为小麦和杂粮,一年两熟或两年三熟;而秦岭以南地区则正好相反,冬季不结冰,树木不落叶,一年四季常绿。河流的水量较大,水位变化不大,汛期时间长,河水含沙量较小,主要是水田,农作物主要是水稻、甘蔗、茶叶等亚热带经济作物,一年两熟或三熟。所以,秦岭也是水田和旱地分界线。人们平常所说的"南雨北雪""南稻北麦""南船北马"就是这种差异的真实写照。

　　秦岭水资源储量约222亿 m^3,约占黄河水量的1/3、陕西省水资源总量的50%,是陕西最重要的水源涵养区。其中,秦岭南坡水资源储量182亿 m^3,约占陕南水资源量的58%,是嘉陵江、丹江的源头区,每年可向北京、天津等地供水120亿～140亿 m^3,是南水北调中线工程的重要水源涵养区。秦岭北坡水资源储量约40亿 m^3,约占关中地表水资源总量的51%,是渭河的主要补给水源地,也是西安市等城市的主要水源区。在秦岭的南麓和北麓分别流淌着上百条大小河流。其中,北麓河流最终流入渭河再流入黄河,而南麓的河流都流入了汉江,然后再流入长江。南水北调中线的主要水源地就是来自秦岭山中的汉江和丹江,陕西宁强县的米仓山是汉江的源头,丹江发源于陕西省商洛市西北部的凤凰山,为汉江支流,在丹江口汇入汉江,然后经过2307 km的输水管道进入华北平原,与中国的首都血脉相通。中国自古就认为山水一体,山为水宗,只有山青才会水秀。战国时期,在中国第一部区域地理著作《禹贡》中说,秦岭分地络之阴阳,是中国山系的"中龙"。在历史记载的生态佳话"八水绕长安"中,其中的七水来自秦岭,这七条自然河流又被纵横交错的河渠引为城市用水(陕西省委宣传部等,2010)。冬夏积雪的太白山,是秦岭的主峰。太白山中横缠竖绕的数百条大小溪流,最终汇成了一条奔腾不息、年径流量达6.7亿 m^3、全长128 km的黑河。2005年起,黑河水已成为西安的主要水源。具有丰富水系资源并且得到良好保护的秦岭对于整个中国来说,都非常重要。

　　秦岭山体庞大而山峰高峻,构成了极明显而又在我国和东亚极具典型性的"植被垂直带谱"。以秦岭主峰太白山北坡为例,海拔780～2200 m为低中山松栎林带,以油松、华山松和栎属的一些树种为建群种和优势种所组成的林带;海拔2200～2700 m为中山、亚高山桦木林带,以纸皮桦、牛皮桦为建群种所组成的林带,向上可以分布到高山林带,向下延伸至中低山,这在秦岭山地是一种非常特殊的现象;海拔2700～3500 m为高山针叶林带,以冷杉、太白红杉为主所组成的林带,上接高山灌丛草原带,一些向上延伸的太白红杉,由于风力影响而呈现"旗式树冠",这是较为独特的生态景观;海拔3500～3771 m为高山灌丛草原带,以小枇杷、蒿草为主并含几种杜鹃所组成的一个垂直带。此外,有些过高的山体部位,岩石裸露,仅生长着一些地衣类植物。

　　秦岭将动物划分为古北界和东洋界,秦岭北麓的动物多为北方物种,而南坡多为南方物种。由于秦岭山地地貌气候和植被等自然因素差异显著,因此造成动物生活环境的复杂性和多样性,这在中国大陆和世界各地都是极为罕见的。两类截然不同的动物在一座山交会、融合,使秦岭成为一个真正的动物乐园。

1.2　秦岭生态环境特点

秦岭是中国重要的生态屏障,在中国主体功能区格局中占有重要的位置。秦岭多属于禁止开发区和生态类限制开发区,是国家级生态功能保护区、生物多样性重要生态功能区,其生态环境的变化关系全国的气候变化与水资源供给(雷向杰等,2010)。目前拥有自然保护区 36 个、森林公园 51 个、国家湿地公园 11 处、水功能区 59 个。秦岭 30 多个区/县中,有 16 个属于国家重点生态功能区/县。秦岭生物多样性极丰富,拥有种子植物 3436 种(其中中国独有的 1428 种、秦岭独有的 192 种、国家保护植物 44 种),苔藓植物 440 种,微生物 337 种,昆虫 3368 种,脊椎动物 722 种(其中国家一级保护动物 9 种、国家二级保护动物 32 种)。秦岭是中国东西南北生物种类交汇过渡地带,中国生物基因库、典型垂直生物带谱,典型植被群落、秦岭四宝(朱鹮、野生大熊猫、金丝猴、羚牛)为代表的濒危珍稀生物集中的地方(陕西省发展和改革委员会等,2018)。秦岭拥有我国特有植物的比例高达 50.6%,是东南亚植物区系起源的关键地区,其生态系统与服务功能在中国生态系统中占有重要的地位。秦岭生活着中国独有、世界珍稀的野生大熊猫和朱鹮等,是世界重要的生物多样性宝库。秦岭的两座名山——华山和终南山是中国特有的宗教——道教的圣地,道教“天人合一”的思想与当今世界主流的可持续发展思想可谓异曲同工。所以,秦岭是全世界独特而重要的山地。2003 年 4 月 22 日,世界自然基金会向陕西省政府授予了“献给地球的礼物”荣誉证书,以表彰其在秦岭大熊猫保护工作中的突出贡献,秦岭由此也成为全球第 83 份“献给地球的礼物”。

秦岭生态系统类型多样,可分为森林(含灌丛)、草地、湿地、城镇、农田五大类,其中森林生态系统面积最大,其余依次为农田、灌丛、城镇、草地和湿地。森林生态系统占秦岭总面积的 71.5%。森林、灌丛、草地生态系统面积占比达到 70% 以上,有利于维持生物多样性、水源涵养、水土保持。秦岭是重要的环境敏感区,水环境尤为敏感。特别是作为南水北调中线重要水源地,其水循环的重要性与敏感性均十分突出。秦岭湿地生态系统总面积 505.6 km²。包括河流湿地、沼泽湿地、湖泊湿地(含库塘)等,其中河流是秦岭湿地的主要类型,秦岭山系分布的大小河流、山沟接近 20 万条,主要有渭河、汉江、嘉陵江、丹江等,面积为 342.7 km²,占湿地总面积的 67.8%。湖泊湿地主要分布在秦岭南坡的长江流域,沼泽湿地主要分布在秦岭北麓渭河流域和汉江沿岸。草地生态系统占地面积为 1331.6 km²,仅占秦岭总面积的 1.7%,主要为草甸与草丛生态系统,其中草甸生态系统主要分布在秦岭主峰 3400 m 以上的地区,为原生草地,面积占草地面积的 1.7%。

秦岭作为中国顶级生态空间、中华绿芯、世界物种基因库、重要水源涵养地,在增加碳汇、释放氧气、应对气候变化、调节区域气候等方面起着关键作用,其中秦岭无人区又是关键中的关键。

1.3　秦岭天气气候特点

1.3.1　气候概况

秦岭是中国南北气候分界线,是亚热带与温带气候的分界线。秦岭还是湿润气候和半湿润气候分界线、1月平均气温0℃等温分界线、800 mm年降水量分界线。冬天,秦岭以北的关中地区寒风凛冽,冰天雪地,人们守着热炕、炉火,才能度过寒冷的季节,西安等城市供暖从11月15日左右开始,到次年3月15日左右结束,供暖期长达4个月;而秦岭以南与关中地区仅一山之隔的汉中盆地,却依然青山绿水。冬天来临,寒潮过后,我国北方千里冰封,万里雪飘,皑皑白雪覆盖了大江南北,寒潮天气可以越过南岭,把逼人的寒意推进到北回归线横穿而过的广东。而远离北回归线近1000 km的四川盆地,却依然遍地流芳,成为中国境内除海南岛以外唯——个免受霜冻之害的省份,秦岭山脉所起到的作用是决定性的(雷向杰等,2020)。秦岭南坡气候自下而上分别具有亚热带、暖温带、温带、寒温带、亚寒带5种气候带特征,北坡气候自下而上分别具有暖温带、温带、寒温带、亚寒带4种气候带特征。秦岭南坡河谷丘陵区年平均气温12.0～14.0℃,秦岭中低山区10.0～12.0℃,四季分明;秦岭中高山区年平均气温在10.0℃以下,气温随海拔高度的增加而递减,高海拔山区为无夏区,太白气象站海拔高度1543.6 m,年平均气温7.8℃,华山气象站海拔2064.9 m,年平均气温6.1℃,常年无夏。秦岭冬季1月平均气温0℃线在秦岭南坡海拔800～900 m处(白红英等,2012),由此向北气温在0℃以下;汉江谷地和秦岭南坡海拔较低的地方,是秦岭冬季最暖的地区,1月平均气温随海拔高度的增加而降低,华山最低-6.0℃,旬阳最高4.5℃;春季4月平均气温秦岭南坡山地12.0～14.0℃,华山、太白分别为6.7℃、9.1℃,汉江河谷、丹江河谷等地14.0～16.4℃,安康最高为16.4℃。夏季7月秦岭北坡25.0～27.0℃,南坡山地21.0～24.0℃,商洛24.0～26.0℃,中高山区低于20.0℃,太白19.0℃,华山17.5℃,汉江谷地25.0～27.0℃。秋季10月平均气温秦岭北坡12.0～14.0℃,华山6.8℃,太白8.1℃,秦岭南坡山区11.0～14.0℃,汉江谷地14.0～16.0℃,安康最高,达16.0℃。秦岭南坡极端最高气温一般出现在7月,北坡出现在6月。极端最高气温的空间分布大体和年平均气温分布相似,但地形影响更为显著,高值区出现在河谷地区,如关中渭河谷地、安康盆地年极端最高气温在40.0℃以上,蓝田最高达41.9℃;低值中心都位于高海拔处,秦岭高山区为全省最低值区,华山为27.8℃,太白34.0℃。极端最低气温低值中心位于秦岭山脉的中高山区域,太白达-29.8℃,华山-24.9℃,秦岭北坡极端最低气温在-16.0～-20.0℃,汉江谷地-9.0～-12.0℃,秦岭南坡-12.0～-18.0℃。

　　秦岭地势挺拔,地形地貌复杂,水汽遇到山地沿山坡抬升,气温下降,遇冷凝结形成降水,大气降水资源丰富,为半湿润和湿润气候。秦岭北界(坡)为关中平原半湿润气候,其他多数地区属湿润气候。秦岭降水集中于7—9月,占年降水总量的55%～65%,夏季降水集中,变率较大,形成易旱易涝的气候特点。秦岭雨季一般自6月下旬到7月上旬开始,9月中下旬结束,持续期南长北短,安康近100 d。全年降水高峰有两个,分别出现在7月上旬和9月上旬前后。7月下旬至8月上旬,则为明显的少雨时段。初夏和伏期多干旱。秋雨多是秦岭降水又一特点,入秋之后,暖湿气团虽然退至陕南和四川,但气团厚度较大,南北摆动,有时跨越秦岭进入关中,在陕南和关中形成秋雨连绵天气,9月降水量与夏季降水量最多的7月相差不大,甚至多于7月。

1.3.2　季节变化

　　秦岭位于我国内陆腹地和中纬度地带,是我国重要的水源涵养地和重要的生态安全屏障,其四季入季时间和季节长度变化对区域生态环境的合理配置和水资源的合理利用等问题具有重要影响。秦岭的华山、太白山等海拔较高的山区为无夏季地区,低海拔地区四季分明。秦岭南沿的汉江河谷地带是秦岭春季开始最早的地区,在 3 月 23 日之前就全部进入了春季,秦岭的太白和华山分别于 4 月 19 日和 5 月 1 日入春。秦岭最先进入夏季的依然是汉江河谷地带,华山和太白常年无夏,6 月上旬秦岭海拔 1000 m 以下的地区大都进入夏季,海拔在 1000 m 以上的山区 6 月中旬、下旬陆续进入夏季;入秋开始日期秦岭山区大部分地区出现在 8 月 14 日以后,秦岭北麓关中、南沿汉江河谷地带由于纬度和海拔高度较低,入秋时间基本在 9 月 3—13 日。秦岭大部分地区入冬较早,大多在 10 月 2—11 日入冬,其中安康、旬阳、白河入冬最迟,出现在 11 月 17 日。秦岭主峰太白山保护区文公庙和汤峪 1 号两个高山气象站海拔高度都在 3000 m 以上,其 2013—2017 年平均气温监测资料分析结果表明,太白山高山区为无夏区,其气候学意义的春季、秋季多年平均起始日期分别为 7 月 9 日、8 月 1 日,冬季平均起始日期为 8 月 10 日。

秦岭大部分四季分明地区春季和夏季长度相当,冬季最长,秋季最短。秦岭西部山区春季较长,达到 100 d 以上,勉县、佛坪最长,达到 108 d。秦岭海拔 1800 m 以上的山区夏季平均有 28～67 d,秦岭海拔较高的太白和华山、文公庙、汤峪 1 号气象站多年平均无夏季;无夏区呈现春秋相连且春秋较短的季节特点,太白气象站常年春季为 99 d,秋季为 77 d,冬季为 189 d;华山气象站常年春季为 85 d,秋季为 69 d,冬季为 211 d;文公庙、汤峪 1 号自动气象站春季和秋季多年平均季节分别为 23 d 和 9 d。秦岭海拔较高山区秋季较长,达 85～92 d,秦岭北麓西部低海拔地区和汉江河谷秋季平均为 69～84 d,秦岭北麓东部秋季最短,只有 53～60 d;秦岭高海拔地区气温低,海拔 3000 m 以上的文公庙、汤峪气象站冬季平均季长 333 d,其他山区冬季为 174～211 d,汉江河谷地区冬季平均 116～135 d。

秦岭北麓低海拔地区和东部春季多年平均气温 16.9～17.3 ℃,西部为 15.5～16.8 ℃。秦岭大部夏季多年平均气温 23.7～25.7 ℃,秦岭秋季多年平均气温 15.7～18.2 ℃,冬季多年平均气温秦岭大部 3.5～6 ℃。秦岭春季开始时间大部分地区呈现提前趋势,秦岭北麓西部低海拔地区和东部部分地区提前 2～6 d/10 a。夏季开始日期秦岭南北两侧大部分地区提前 1～4 d/10 a,商洛的丹凤、商南等地夏季开始日期推后 1～2 d/10 a。秋季开始日期秦岭西北部(宝鸡大部)、中东部提前 1～4 d/10 a,佛坪及汉中汉江北岸谷地推后 2～4 d/10 a。秦岭冬季开始日期除丹凤、商南等地提前 0～2 d/10 a,其他地区推迟 1～8 d/10 a。各季节天数春季总体上呈增多趋势,其中商洛大部增多 2～4 d/10 a。夏季秦岭西部汉中地区增多 1～3 d/10 a,东部商洛减少 2～5 d/10 a,安康减少 0～1 d/10 a。秋季秦岭大部分地区增多 0～4 d/10 a,其中宁陕、平利等地延长 4～5 d/10 a。冬季秦岭整个地区一致减少,其中秦岭东部减少 0～2 d/10 a,秦岭北麓低海拔地区减少 4～5 d/10 a。

1.4　秦岭气象灾害及灾害防御

1.4.1　秦岭气象灾害

秦岭降水年内分布不均,导致洪涝和干旱火害较多。6—8 月暴雨洪涝及其次生灾害滑坡、泥石流、崩塌等是造成秦岭人员伤亡最多的自然灾害,也是秦岭大型和特大型自然灾害主要类型①。例如,1990 年 7 月 5—6 日,秦岭西部等地大暴雨,略阳、勉县、留坝降水量大于 200 mm,山洪暴发,河水暴涨,受灾人口达 76.8 万人,死亡 33 人(鲁渊平,1991)。1998 年 7 月 9 日,秦岭东部商洛市 7 个县遭暴雨袭击,丹凤县 1 h 降水达 250 mm,双槽乡宽坪 9 日 18 时 02 分至 10 日 00 时 42 分降水达 1300 mm,洪水造成 96 人死亡,经济损失达 3.64 亿元。1998 年 8 月 25—26 日,商洛市镇安、柞水、山阳、商南 4 县出现暴雨,主暴雨区 12 h 最大降水量 403 mm,暴雨使 119 个乡镇 48.5 万人受灾,85 人死亡,直接经济损失 3.32 亿元。2000 年 7 月 11—15 日,汉中、安康、商洛等地降大到暴雨,暴雨诱发大面积洪水、泥石流和山体滑坡,造成 202 人死亡,10 多人失踪,18043 人无家可归。2002 年 6 月 8—9 日秦岭等地出现大范围暴雨,9 日秦岭 32 个气象站中有 16 站暴雨,佛坪日降水量 203.3 mm,暴雨造成 151 人死亡,304 人失踪,直接经济损失 25.8 亿元。2007 年 8 月 27—31 日秦岭等地大范围暴雨,佛坪降水量达 208.6 mm,暴雨洪涝造成 32.87 万人受灾,9 人死亡,4 人失踪,直接经济损失 1.28 亿元。2010 年 7 月 14—19 日陕南大暴雨,山阳日降水量突破历史极值,暴雨导致汉中地区 9 人死亡,50 人失踪。

　　干旱也是秦岭危害严重的气象灾害之一,其发生频率和危害性有明显的年代际差异。20 世纪 90 年代秦岭干旱频发,危害严重。1994 年 7 月中旬到 8 月底,秦岭降水量 30~46 mm,大部分地区较常年偏少 5 成以上,洛南、商州、汉中、南郑、城固等降水较常年少 8~9 成,8 月中旬末干土层达 20 cm 左右,旱区中小河流基本干涸,地下水位下降 10 m 左右,1 万多眼机井吊空。1995 年 1 月至 7 月上旬,秦岭大部降水偏少 6~8 成,气温持续偏高,上万公顷水田缺水无法插秧。夏收后大量夏播秋田不能及时入种,有的入种后不出苗多次翻耕重种,安康市沿江各县(市)甚至同一耕地连续翻种 5 次。1997 年 4—7 月秦岭地区降水异常偏少,商洛等地干土层达 40~60 cm,土壤相对湿度仅为 11%~40%。汉中、安康地区稻田龟裂,早秋作物生长受阻、夏播工作困难,主汛期汉江武侯站出现断流。2006 年夏季秦岭大部分降水偏少 2~7 成,安康市、汉中市有 1160 多条河道干枯断流,汉中市库塘实蓄水仅占应蓄水量的 30%,安康市库塘蓄水量不足 1/10,安康盆地汉江以北浅山丘陵地带干土层达 30 cm 以上,部分地区水稻田面曝晒裂缝宽达 3 cm。因干旱受灾人口 308.71 万人,40.09 万人饮水困难,农作物受灾面积 28.69 万 hm²,绝收约 7.8 万 hm²,直接经济损失 10.7 亿元。

　　除暴雨洪涝和干旱灾害以外,秦岭低温冻害、电线积冰等灾害时有发生。秦岭霜冻出现频率较高,危害较大,这一点在一定程度上可以从年霜日数分布上看出来。1981—2010 年年平均霜日数秦岭南坡汉江沿岸的略阳、南郑、汉阴、紫阳、旬阳、白河和秦岭东部的华山低于 50 d,其他地方均大于 50 d;秦岭南坡海拔高度较低的勉县、汉中市区、城固、洋县、石泉、镇安、丹凤、商南 50~60 d,秦岭北坡渭河沿岸渭南、华州(原华县,下同)、华阴以及蓝田、洛南多年平均霜日数都在 80 d 以上,形成秦岭东部年霜日数的一个高值区,高值中心华州年霜日数达 89.6 d,秦岭西部太白县、眉县霜日数高于 80 d,形成又一高值区,太白高达 87.9 d。值得一提的是在秦岭

　　① 大型、特大型气象灾害判定依据为《地质灾害防治条例》(中华人民共和国国务院令第 394 号)规定,地质灾害按照灾情大小分为四类:特大型、大型、中型、小型。特大型:因灾死亡和失踪 30 人(含)以上或因灾造成直接经济损失 1000 万元(含)以上;大型:因灾死亡和失踪 10 人(含)以上、30 人以下,或因灾造成直接经济损失 500 万元(含)以上、1000 万元以下;中型:因灾死亡和失踪 3 人(含)以上、10 人以下,或因灾造成直接经济损失 100 万元(含)以上、500 万元以下;小型:因灾死亡和失踪 3 人以下,或因灾造成直接经济损失 100 万元以下。

东部 80 d 以上的高值区内,存在华山这样一个低值区,年霜日数仅 45.2 d,这与华山海拔高度高、山峰周围风大、不易结霜有关,这一点和霜冻日数、积雪日数有所不同。1991 年 12 月 27 日—1992 年 1 月 2 日,汉中市平川日平均气温由 0 ℃下降到—5～—8 ℃,极端最低气温下降到—10～—13 ℃。北部山区日平均气温下降到—9～—11 ℃,极端最低气温下降到—13～—15 ℃,致使农作物、牧畜、果树、蔬菜以及群众用水管遭受了严重的灾害损失。城固、汉台、洋县等地 30%～40% 的桔树被冻死。1996 年 3 月下旬至 4 月上旬秦岭南坡大部分地区气温比常年同期偏低 3～5 ℃,3 月下旬最低气温秦岭北坡 0 ℃左右,安康大部分地区的极端最低气温 0 ℃以下,致使农作物发育期推迟,农事活动推后。1998 年 3 月 18—25 日,持续雨雪天气,气温剧降,秦岭大部地区连续 3～5 d 最低气温低于 0 ℃,部分小麦、油菜、猕猴桃受冻。1990 年 12 月 26 日汉阴县出现一次少见的降雪、降温过程,最低气温达到—10.1 ℃,积雪最厚达 7 cm,大量蔬菜冻坏。2001 年 4 月 9—11 日,气温大幅度下降,24 h 平均气温下降幅度秦岭北坡达 11～13 ℃,秦岭南坡 6～9 ℃。期间日极端最低气温秦岭北坡大部分地区—3～0 ℃、陕南中山地区—1～2 ℃,强降温使核桃等经济作物受冻严重,核桃减产 90% 以上;9—10 日商洛地区出现暴雪天气,全区降雪量 7.8～21.5 mm,受灾面积 3.34 万 hm²,成灾面积 2.33 万 hm²。灾区 80% 的小麦被压倒,有 400 多个塑料大棚被雪压塌,500 多个大棚破损,直接经济损失达 4000 余万元。2008 年 1 月降水量异常偏多,持续的低温雨雪天气致使秦岭高寒山区道路和大部分县乡道路、桥面普遍结冰,交通运输大范围受阻,电煤、成品油等供应受到一定影响,华山气象站(海拔 2064.9 m)电线积冰日数 6 d,最大积冰重量 30 g/m(雷向杰等,2009)。

　　秦岭大风、冰雹、雷电造成的损失也较大。1993 年 6 月 23 日,宝鸡、汉中、商洛、安康等地的 28 个县(市)出现大风、暴雨和冰雹,灾害涉及 417 个乡镇,直接经济损失 1.84 亿元。1997 年 5 月 4 日,佛坪县咀头镇、靖口乡、黄柏塬 3 个乡(镇)遭受冰雹袭击,受灾农田 286.1 hm²,成灾 225.3 hm²,波及农户 841 户 3680 人,直接经济损失 94.593 万元。1998 年 6 月 5 日 18 时 31 分至 55 分,洛南县城关、谢湾、四皓、永丰、麻坪等乡(镇)遭受冰雹袭击,受灾 1.5 万 hm²,其中农作物 4027 hm²,500 hm² 绝收,直接经济损失 720.24 万元。另外,雷击灾害常造成通信设备损坏,通信中断。1992 年 8 月 4 日凌晨 04—11 时,秦岭腹地金堆镇突降特大暴雨,一人被雷电击死。1995 年 8 月 24 日,华山气象站遭雷击,造成 12—17 时所有天气报、航空报中断。1998 年 5 月 20 日凌晨,汉中精密仪器厂厂区上空发生雷击现象,安装在厂区 7 号楼及生产区办公大楼顶上的卫星地面站、电话总机房程控交换机、电视机等遭雷击。佛坪县广播电视局因雷击造成 70 台电视放大器、5 台电视机、18 台电视设备器材受损,直接经济损失 6 万元。1999 年 4 月 10 日,留坝县城遭雷击,击坏 2 台变压器、30 余台电视机、广播电视局配电柜及有线电视放大器,直接经济损失 40 万元。7 月 18 日,丹凤县电信局两个分局部分设备及商洛公安处程控交换机遭雷击,经济损失 50 多万元。7 月 19 日,汉中市电信局部分地段通信线路遭雷击,经济损失约 25 万元。2000 年 4 月 1 日,汉中供电局供电线路被雷击,勉县勉西机务段有线电视系统、计算机数台被雷击。6 月 15 日,汉中供电局供电线路被雷击。9 月 19 日,佛坪县广播电视局播音控制台、调频发射机等遭雷击。9 月 20 日,蓝田县草坪乡雷电击坏电视机、电话机、接收器等。

1.4.2　气象灾害防御与气象服务

　　党的十九大报告中提出:世界面临的不稳定性、不确定性突出,气候变化等非传统安全威胁持续蔓延,人类面临许多共同挑战。提出坚决打好防范化解重大风险、精准脱贫、污染防治的攻坚战。随着全球气候变化和经济社会快速发展,极端天气气候作为潜在的、自然属性的风险源,极易引发次生、衍生地质灾害、山洪、城市内涝等,易造成灾害链式连锁反应和舆情共鸣,须高度重视(罗慧,2017)。气象部门树牢"人民至上、生命至上"的理念,按照习近平总书记对气象工作批示要求的"监测精密、预报精准、服务精细",针对秦岭复杂多变的气候天气形势,努力加强监测、准确预测、提前预警、主动服务,强化与应急管理、水利、自然资源等多部门会商研判和联防联动,建立完善极端天气气候灾害风险防控和风险管理机制发展"社会气象",强化秦岭地区气象防灾减灾救灾的气象保障服务,发挥好气象防灾减灾第一道防线作用,共同降低秦岭区域承灾体的脆弱性,尽最大努力减少自然灾害造成生命财产的损失,一直是陕西气象工作的重中之重。

仅在 2020 年,围绕 6 月 15—18 日、6 月 27—28 日、7 月 14—15 日等几次大范围暴雨过程,为秦岭山区防灾减灾救灾提供有力的气象监测预报、服务保障和预警发布。截至 2020 年 8 月,已经通过国家突发预警平台、高等级气象预警信号短信发布全覆盖的"绿色通道""两微一端"等,向老百姓及时发布各类预警信息 9870 条,受众超 2.6 亿人次,最大限度防范化解了风险隐患,入汛以来没有因气象灾害造成人员伤亡。又比如,2015 年 8 月 3 日秦岭出现暴雨和分散性强对流天气引发次生衍生灾害,位于秦岭北麓的西安市蓝田、户县等河道发生山洪灾害致 10 人死亡、4 人失踪,同样位于秦岭北麓的宝鸡、凤翔等多地降水达到极端气候事件标准。陕西省、市、县三级气象灾害应急指挥部充分发挥作用,以气象预警、预警信号等为"发令枪"先导,与水利、国土资源等成员单位就水灾、山洪、地质灾害趋势加密会商研判、讨论防御重点、开展联防联控,并第一时间通过突发预警系统、手机短信、电视广播、互联网、新媒体等多元化渠道向老百姓及时发布预警信息,为提前防灾避险、保护人民生命财产安全抢得了宝贵先机。

表 1.1　2015 年 8 月 3 日西安市(县、区)气象预报预警提前量

发布单位	预警及预警信号及短时临近预报	气象预警及预警信号发布的时间、提前量		重点区域气象监测地点、时间		小时降雨量(mm)
西安市	暴雨黄色预警信号	3 日 16 时 20 分	1 h 40 min	灞桥白鹿原	3 日 18 时	80.5
			2 h 40 min	临潼军区疗养院	3 日 19 时	77.7
			2 h 40 min	临潼	3 日 19 时	76.1
			2 h 40 min	临潼兵马俑	3 日 19 时	73.5
			2 h 40 min	临潼穆寨乡	3 日 19 时	68.0
			2 h 40 min	临潼骊山	3 日 19 时	58.7
	发布短时临近预报	3 日 15 时 00 分	2 h	周至、长安、蓝田		
西安市蓝田县	发布短时临近预报	3 日 15 时 05 分	1 h 55 min	蓝田灞源乡	3 月 17 时	26.5
	暴雨黄色预警信号	3 日 16 时 25 分	35 min	蓝田九间房	3 月 17 时	25.5
西安市长安区	发布短时临近预报	3 日 15 时 05 分	1 h 55 min	长安引镇大峪	3 日 18 时	86.3
	暴雨黄色预警信号	3 日 16 时 30 分	1 h 30 min		3 日 18 时	

针对秦岭山区地形复杂下强降水诱发地质灾害、山洪、中小河流洪水等风险防范,气象部门开展地质灾害等气象风险业务技术研究,制作地质灾害等气象风险业务产品,与省自然资源厅、省应急管理厅等联合发布地质灾害预警产品。在"十三五"规划项目支持下,在秦岭 G65 西康段的长安、柞水、镇安、旬阳、汉滨、紫阳、镇巴等地建设交通气象监测站 11 个,实时监测秦

岭山区的道路气温、路温、降水、风向、风速、相对湿度、能见度等气象要素,开展相关路段交通气象灾害预报预警,为秦岭地区交通安全保驾护航。

　　针对秦岭森林密布,积极开展秦岭森林火点气象卫星遥感监测工作,加强秦岭敏感地区森林草原火险气象等级预报、气象卫星热源点监测预警、参与应急指挥保障等工作。利用卫星遥感宏观动态监测秦岭复杂地形地貌下森林植被长势、植被固碳,开展水源涵养和大气调节等能力的评估工作,客观反映秦岭地区生态恢复和修复成效,为陕西省秦岭生态保护委员会完成秦岭生态环境保护总体规划提供气象决策咨询和科技支撑。

第 2 章　秦岭气候生态风险特征及其应对策略

以气候增暖为标志的全球变化及极端天气气候频发,正在成为人类可持续发展所面临的巨大挑战。气候变暖、洪涝频发、干旱加重、水土流失、沙漠化扩展、湿地退化等,让任何一国都无法置身事外,秦岭气候生态变化和秦岭积雪变化,是这个大背景下的一个缩影。秦岭具有调节气候、保持水土、涵养水源、维护生物多样性等诸多的重要生态功能,是我国南北气候、地质、生物、水系、土壤五大自然地理要素的天然分界线。天气气候作为自然生态系统的重要组成部分,气候生态系统是人类社会赖以生存与发展的重要前提条件,没有大气,所谓山水林田湖草生命共同体就无法生存。有利的气候生态是自然生产力,是资源;不利的气候生态则破坏生产力,导致灾害。

随着中国持之以恒开展绿色探索与实践,习近平生态文明思想逐渐成为解决气候生态风险问题的历史担当和时代担当,成为应对和解决当代生态文明建设问题的源头活水。“生态兴则文明兴,生态衰则文明衰”。在生态文明建设的框架下,在全球气候变化背景下的秦岭气候生态特征究竟如何,未来如何科学应对气候生态和气象灾害风险,从事关生命安全、生产发展、生活富裕、生态良好的战略高度,既要趋利避害助力生态文明建设,又要科学防控应对极端天气气候灾害风险,趋利避害减灾、造福民生福祉。

2.1　秦岭气候生态风险新特征及其影响

近百年来全球正在经历的以变暖为标志的气候变化进一步加剧了极端天气气候事件的频发,“气候变化等非传统安全威胁持续蔓延,人类面临许多共同挑战”(党的十九大报告),以气候增暖为标志的全球变化,以及极端天气气候频发,正在成为人类可持续发展所面临的巨大挑战。具体到秦岭陕西段,其北为暖温带半湿润、半干旱季风气候、属黄河流域,广泛分布着暖温带落叶阔叶林和古北界动物;其南为亚热带湿润季风气候、属长江水系,分布着北亚热带落叶阔叶、常绿阔叶混交林和东洋界动物。

1961—2019 年秦岭 32 个气象站监测资料分析结果显示:近 60 a 来秦岭年均气温呈上升趋势,增温幅度约为 0.2 ℃/10 a,年平均气温 13.2 ℃,年平均气温最高值为 14.3 ℃ (2006 年),最低值为 11.6 ℃(1968 年),2019 年为 13.7 ℃,较历史平均值偏高0.4 ℃,其中秦岭北麓上升更明显。近 60 a 来秦岭年降水量变化不显著,降水量均值为 758.1 mm,从 2000 年起呈现出微弱的上升趋势,变化率约为 15.0 mm/10 a,降水量最高值为 1140.4 mm(1983 年),最低值为492.1 mm(1997 年),2019 年为 875.5 mm,较历史平均值偏多。近 60 a 来秦岭年总日照时数呈现下降趋势,变化率为 42.0 h/10 a,日照时数年平均值为 1814.6 h,日照时数最高值为2149.6 h(1966 年),最低值为 1412.2 h(2019 年)。

秦岭气候变化已经引起了一系列的气候生态风险问题。比如伴随气候变暖,秦岭高山林线波动上升。秦岭北麓广泛分布着暖温带落叶阔叶林和古北界动物,南麓分布着北亚热带落叶阔叶、常绿阔叶混交林和东洋界动物,其中太白红杉是秦岭高山区特有物种,位于海拔 2800~3500 m 之间,生态系统脆弱、对气候变化十分敏感。近 20 a 来太白红杉分布上限同年平均 0 ℃等温线波动趋势一致,缘于太白红杉生长主要受低温因素限制,而近年来秦岭高海拔地区冬季低温升高最为显著,致使太白红杉向高山灌丛、裸岩分布处迁移,以适应生态环境的变化。

全球气候变化促使关键敏感区水热资源等要素的时空分布格局发生变化,近年来秦岭南北麓的高温、干旱、暴雨(雪)等极端天气气候事件多发频发,造成河水暴涨暴落,径流变化波动加大,涵养水源能力降低,气候生态灾害风险不断加大,对防灾减灾救灾、生态文明建设、脱贫攻坚和乡村振兴战略产生影响。比如青山绿水掩盖下的水土流失严重,由于历史上对森林的采伐和陡坡的开荒,水土流失面积不断增加,年流失量达 0.84 亿 t。地质灾害频繁发生。秦岭特殊地质结构形成的滑坡、泥石流灾害多见,河床抬高和水库淤积现象常常引发洪涝灾害。涵养水源能力降低,河水暴涨暴落,径流变化波动加大,水体总量减少,季节性河流增多。还有人类建设活动致使水污染严重。

2.2　围绕"破题"秦岭气候生态风险的智慧

中国特色社会主义已经进入了新时代,面对新矛盾新需求,中国的国家治理必然要实现生态与经济共赢、效率与质量兼顾,致力于人同自然和谐共荣,随着中国经过持之以恒开展绿色探索与实践,最终不断总结、为解决全球生态环境问题展现中国智慧、贡献中国方案;同时,中国倡导并践行全球生态的共同治理理念,主动承担全球生态的共治共建责任,充分展现作为与成效,为其他发展中国家生态善治提供方向指导和重要借鉴。

党的十七大报告明确生态文明就是对人类长期以来主导人类社会的物质文明的反思,是对人与自然关系历史的总结和升华;是人类遵循人与自然和谐发展规律,以人与自然、人与人和谐共生、全面发展、持续繁荣为基本宗旨的文化伦理形态。党的十八大报告明确把生态文明建设放在突出地位,融入经济建设、政治建设、文化建设、社会建设各方面和全过程,努力建设美丽中国,实现中华民族永续发展。2005 年 8 月,习近平同志在浙江余村考察时提出了"绿水青山就是金山银山"的著名理念,让绿水青山与金山银山既是一对矛盾,也会辩证统一。2018 年 5 月,全国生态环境保护大会召开,标志着习近平生态文明思想的正式确立,也标志着习近平生态文明思想指引美丽中国建设的绿色实践继续前进(习近平,2018)。习近平生态文明思想博大精深、内涵丰富,概括起来主要包括:坚持人与自然和谐共生的科学自然观,以"两山"理念为代表的绿色发展观,将良好生态视为民生福祉的基本民生观,共谋全球生态文明建设的全球共赢观(命运共同体论),"山水林田湖草是生命共同体"的整体系统观,以及用最严密法治保护生态环境的严密法治观。习近平生态文明思想丰富和发展了马克思主义关于人与自然关系的理论,展现了马克思主义生态文明观的最新理论成果。紧紧结合了当下世情国情党情并针对我国生态环境保护现状,在中国各地生态文明探索和实践推动了该理论的不断发展和日趋完善,成为中国确立正确理论认知、应对和解决当代生态文明问题的源头活水,使我国成为全球生态环境治理的重要引领者和贡献者(中共中央文献研究室,2017)。

在 2018 年全国生态环境保护大会讲话中,习近平总书记提到著名的"胡焕庸线"(黑龙江省黑河市到云南省腾冲市),李克强总理也有"总理三问"①,说明气候地理条件深刻影响人类经济社会发展布局。该线东南方43％的国土,居住着全国94％的人口,显示出高密度的城市功能,生态环境压力巨大;西北方57％的国土,供养约6％的人口,生态系统脆弱,总体以生态恢复和保护为主体功能。我国降水时空分布不均,区域分布差异极大,我国年平均降水量自东南沿海向西北内陆逐渐减少,从湿润区(年降水量大于800 mm)逐渐过渡到半湿润区(年降水量400～800 mm)到半干旱区(年降水量200～400 mm)再到干旱区(年降水量小于200 mm)。"胡焕庸线"是气候变化的产物,穿越秦岭,与400 mm等降水量线基本重合(图2.1(彩))。

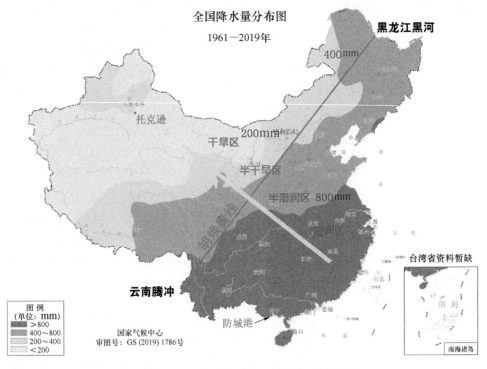

图 2.1　"胡焕庸线"与我国降水区域分布(另见彩图2.1)

　　围绕"破题"气候生态风险,自然绕不开气候资源的保护开发、合理利用和趋利避害,绕不开减缓和适应气候变化。气候是自然地理环境中最为活跃的要素,其在不同时间尺度上的变化虽不是人类社会发展的直接决定因素,但对人类社会有着广泛而深刻的影响。文明最终走向崩溃与衰落是由于气候变化的影响超出了人类社会的适应能力,而适应能力的不足或适应手段的丧失,往往使得文明失去得以延续和发展的最后机会。玛雅文明的最终衰落与气候变干、超过其适应能力密切相关。东南亚的吴哥文明最终被气候干旱摧毁也与其适应能力丧失密切相关。天人合一,历来是中华文明所强调的,人类的任何活动都要遵从自然规律。气象工作发源于军事用途,成长于民生服务和决策支撑,立足于习近平生态文明思想,从人与自然生态关系角度,做好气候资源开发利用、应对气候变化和气象防灾减灾避险工作,对生态文明建设有着基础性、前瞻性、保障性作用(罗慧,2019)。

---

　　① "总理三问"。2013年8月,国务院总理李克强邀请有关专家到北京中南海,听取城镇化研究报告并进行座谈,围绕"胡焕庸线",李总理在座谈会上提出了"该不该破? 能不能破? 如何破?"三个问题。2014年11月,李总理在国家博物馆参观人居科学研究展时,再次发出了"胡焕庸线怎么破"之问。

2.3　构建生态文明建设框架下的新"气象"

　　贯彻落实好生态文明建设,解决影响和制约经济可持续发展的重大气候问题,是新时代给新"气象"的新命题。气候作为自然生态系统的重要组成部分,在生态文明建设中发挥着重要作用。"坚持环境友好、合作应对气候变化,保护好人类赖以生存的地球家园"(党的十九大报告)。在生态文明建设的框架下,气象要胸怀大格局、焕发新"气象",把尊重气候规律、适应气候变化、保护气候环境深刻融入生态文明建设之中。黄河在陕西境内全长 719 km,流域国土面积、人口、经济总量分别占陕西的 65%、76%、87%,2020 年 4 月,习近平总书记来陕西考察时,不仅关注秦岭生态环境保护和修复工作,也同样指出,这一区域的生态保护治理和高质量发展对陕西乃至全国同样十分重要。把防范气候风险、利用气候资源、气象防灾减灾深刻融入经济社会发展各个领域中;用科技、智慧、精准、安全、生态等理念,为破解生态风险困境而助力保障,开发利用好气候资源、趋利避害、造福人民(罗慧,2020a)。

2.3.1　以党委政府为主导的主动适应与气候生态保护修复是应对气候生态风险的有效策略,也是助力气象服务"一带一路"的生态文明建设之举

　　气候变化是全球性挑战,气候变暖、干旱加重、洪涝频发、水土流失、沙漠化扩展、湿地退化等,任何一国都无法置身事外。发达国家和发展中国家对造成气候变化的历史责任不同,发展需求和能力也存在差异。中国科学院专家团队通过研究中国历史气候变化对社会影响,得出历史时期气候变化对中国社会发展影响的若干认识及其对适应未来气候变化的启示。其主要观点认为:历史气候变化影响的总体特征是"冷抑暖扬",但影响与响应存在区域差异;社会经济的衰落与百年尺度的气候由暖转冷呈现同期性(葛全胜等,2011)。暖期气候总体有利于农业发展,为社会更快发展提供更优越的物质条件;而冷期的影响似乎以增加人类系统的脆弱性为主,使得社会经济系统调控风险的能力明显降低,在遭遇极端气候事件与重大灾害的情况下往往容易触发社会风险。在人类历史上,当社会经济发展中存在或出现风险隐患时,气候生态问题就可能触发或放大社会经济风险的爆发,甚至完全可能打破社会经济既有秩序,这一规律是自然运行与社会经济运动相互作用的结果。以史为鉴,正确认识人类适应生态环境变化的能力和极限,过去人类曾经历过的影响方式与适应影响的具体行为,对当今人类应对全球气候变化的挑战仍具有借鉴价值。在中国,以党委领导、政府主导、全社会共同积极参与的主动因地制宜适应,围绕秦岭和黄河流域的生态保护和生态修复,依然是应对气候变化的有效策略,也是我国国家制度和国家治理体系的显著优势。"破题"归根结底是高质量发展方式和生活方式问题,必须贯彻创新、协调、绿色、开放、共享的发展理念,形成节约资源和保护环境的空间格局、生产方式、生活方式和产业模式,在经济社会发展之余,也给自然生态留下休养生息、生态修复的时间和空间。

　　习近平总书记曾说:我的家乡陕西位于古丝绸之路的起点。陕西作为新时代丝绸之路经济带的新起点,气象工作具有涉及社会经济领域多、区域空间大、国际合作交流多等特点。随着"一带一路"建设步伐加快,以秦岭为起点,在秦岭山地、森林、湖泊、南北麓城市区等主要生态敏感区域、关键区域,建立以遥感为主、地面为辅的秦岭气候生态系统立体观测站网,建成国

家级气候观象台,建设较为完整、丰富的生态文明建设气象保障服务基础气候数据集、多源融合同化产品集;利用西安气象大数据应用中心建设,承担国家级容灾备份中心、国家卫星遥感数据镜像备份服务分中心等历史机遇,建立基于大数据云平台实现数据产品实时共享。特别是随着遥感探测技术的发展和风云系列卫星工程建设的推进,卫星遥感探测将成为弥补秦岭地基观测不足的关键手段。聚焦秦岭、在"一带一路"沿线的重要节点区域,建成多源气象卫星遥感监测数据集,布设国家级气象卫星地面站、有针对性地优化调整生态气候业务布局,提升卫星遥感对国内外的生态环境监测的支撑与应用能力。利用风云三号、风云四号卫星遥感应用的独特技术优势和气象卫星应用数据接收省级站落户陕西省的便捷条件,综合秦岭气候、植被、河流输沙量、大气环境和气象灾害等要素,积极融入秦岭南北麓气候适应型城市建设工作。运用卫星遥感技术开展"一带一路"沿线沙尘、雾霾、林火、积雪、洪涝等灾害监测、作物长势和旱情监测等,通过信息化、互联网等新技术新手段,推动气象部门向外拓展、实时共享、努力发展社会气象(图 2.2)。

2.3.2　建设秦岭山水林田湖草湿的系统工程,树立生态安全观、生态民生观,发挥气象在秦岭生态保护和美丽中国建设中的支撑保障作用

习近平生态文明思想包括"山水林田湖草是生命共同体"的整体系统观。气候系统由五大圈层组成,与地球系统科学密切相关。天气气候与生态的关系息息相关,建设秦岭地区山水林田湖草湿的系统工程,没有大气参与,所谓山水林田湖草生命共同体就无法生存。这就需要构建多领域的保障秦岭生态文明建设的气象保障服务体系,加强秦岭生态气候系统和灾害防御等领域的气象监测、预报预测、预警、影响评估、应急处置、决策支撑、管理评价等能力。

人类在尊重和顺应自然规律的基础上,有了天帮忙,更要人努力,坚持保护优先、节约优先、自然恢复为主,利用跨部门、多学科交叉和综合研究手段、方法,科学动态评估秦岭以及毗邻黄河流域的省市两级生态植被覆盖度、森林草原防灭火监测、雾/霾监测、灾害监测、水源地水体监测、城市热岛、大气环境质量等,开展秦岭区域气候生态和环境要素变化状态、过程、驱动因子和物理机制的研究,为其生态保护修复和建设区域生态和气候良性耦合的自然环境系统提供科技支撑。

积极助力美丽中国建设,科学防范气候生态风险和气象灾害,积极服务民生福祉。面对日益变暖的夏季和雾/霾多发的秋冬季,大气环境质量堪忧,污染物排放量大;夏季热岛效应明显,高温热浪频发……气象在参与生态保护红线工作、防范城乡气候风险上大有作为,在北京、雄安新区、西安等 206 个城市对城市总体规划、气候环境容量、城市通风廊道分析、城市热岛效应评估、居住小区气候环境等开展气候可行性论证,服务美丽中国城乡建设。面对能源风险积极"盘清家底",完成风能和太阳能普查,完成风能 1 km 分辨率、太阳能 10 km 分辨率精细化评估,助力新能源的开发利用。面对各行各业、城市乡村高质量发展的各类需求,实施气象+战略。气象+市政规划,开展以城市热岛缓解、通风廊道建设、资源环境承载力优化、洪涝排水设计等领域气候可行性论证。气象+旅游,开展气候宜居、气候生态、气候旅游等气候资源评估,防范城乡气象灾害风险。气象+扶贫,做好政策性农业保险气象保障服务工作,提高农业产业抵御气象灾害风险能力。气象+生态环境保护,天气气候积极参与秦岭生态保护"三线一单"(生态保护红线、环境质量底线、资源利用上线和生态环境准入清单)管理,开展生态功能重要性评估和敏感性评估,水源涵养、水土保持、防风固沙、土地沙化敏感性等纳入生态保护红线的因素,均与气象要素息息相关(罗慧,2020a)。

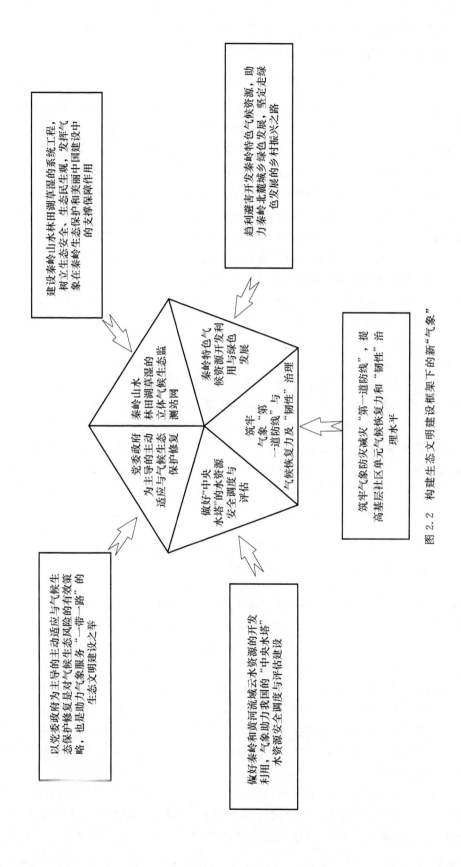

图 2.2　构建生态文明建设框架下的新"气象"

2.3.3　做好秦岭和黄河流域云水资料开发利用，气象助力我国的"中央水塔"水资源安全调度与评估建设

　　水是重要的战略资源，我国空中云水资源十分丰富，年平均降水量仅占云水资源量的17%左右，通过人工影响天气（简称"人影"）技术来开发利用空中云水资源、促进降水量增加的空间潜力很大。人工影响天气是人类尊重天气气候规律、主动作为，进而科学把握其客观规律，开发、利用、改造、保护自然的重要气象科学试验研究型业务，也是一种提升人类作为主体的主动作为的一种高科技气象技术手段。当前，面向综合防灾减灾、空中水资源开发、生态环境保护、国家粮食安全等多领域的保障服务逐渐成熟。农业是受天气气候影响的最脆弱的行业，陕西省许多地方特别是陕北干旱地区和贫困地区的农业一定程度上还是"靠天吃饭"。在发生干旱冰雹和关键农时季节，适时积极开展人工增雨（雪）和消冰雹作业，跨区域调动飞机、火箭、高炮等装备，为粮食安全、林果作物灾害减损做出了贡献（罗慧，2017，2018）。

　　秦岭在陕西境内的水资源量超过 220 亿 m^3，约占全省水资源总量的 50%，是陕西省的主要水源涵养区，秦岭有重要的大中型水库 15 座、饮用水水源保护区 40 处，当前，宜尽早谋划实施"中央水塔"的水安全长期战略。通过有效的人影作业，可以增加秦岭山脉水源地水资源总量，对秦岭生态环境有效生态涵养、补充生态用水，增加水源地水库库容量，降低森林草原火险等级，增加草地生物量和覆盖度等；与此同时，通过增加降水量对大气污染的湿沉降作用，为改善当地空气质量贡献力量。具体来讲，根据秦岭以及黄河流域生态保护和修复需求、云水资源特点，可以建立生态修复改善型的人工影响天气服务业务体系，提升精准靶向作业能力。实施中国气象局"耕云计划"，聚焦大秦岭这个全球独特的天然生态屏障，提高大秦岭多省区人影作业资源整体利用效率和空中云水资源联合开发效益，以建立人影趋利减灾生态修复型保障为主攻方向，鼓励跨区域、跨省，打破地域隔阂，开展统筹规划、规模适度、功能合理、区域协作的人影工作，促进秦岭水源地生态涵养、水土保持、生态修复、调节气候，特别利于水源地水库扩容蓄水、缓解南北麓城镇水资源供给紧张。

2.3.4　趋利避害开发秦岭特色气候资源，助力秦岭南北麓城乡绿色发展，坚定走绿色发展的乡村振兴之路

　　2020 年 4 月 20 日，习近平总书记来到位于秦岭山脉东段的牛背梁国家级自然保护区，步行进入羚牛谷察看自然生态，称赞这里是"养在深闺人未识的天然氧吧"。气候资源是自然资源的重要组成部分，气候资源合理开发和利用，对于生态环境建设、乡村振兴战略等起着重要作用。这里，需要正确处理"保护和发展"主要矛盾的关系。乡村振兴中的生态振兴，绝不是单纯的为了生态而生态，而是既要护美绿水青山，又要做大金山银山，让绿水青山源源不断地淌金流银，让人民看得见绿水青山，摸得着金山银山。秦岭南北麓地方党委政府在推进乡村振兴，推进农业供给侧结构改革，建议注重实现传统农业的改造升级、提效增质，将农业生态化、现代化、信息化的能力进一步提升，让广大群众在乡村振兴绿色发展中有更多的获得感、安全感、幸福感（罗慧，2020b）。

　　乡村气候生态的明显改善与农业的高质量发展、农村的美丽改造、农民的幸福生活相互支撑、相互联系。气候资源在绿色发展中的作用更加显著，通过开展秦岭气候资源普查，建立宜居气候资源、旅游生态气候资源、健康养生气候资源、农业生态气候资源等评估指标及其标准

体系,有助于全面推动乡村旅游转型升级,是高质量打造美丽中国秦岭样板、助推乡村振兴战略的路径选择。一是打造"秦岭国家气候标志""中国天然氧吧""秦岭国家气象公园""避暑避寒目的地""农产品气候品质""特色气候景观"等气候生态品牌,促进转化含金量高的绿色经济通道。二是打造绿色乡村。及时排摸、梳理绿色乡村建设中存在的薄弱环节,推进生活垃圾分类处理,提升就地减量化、资源化处理水平,巩固农村生活污水治理成果,健全长效运维管理机制。三是打造绿色村风。健全自治、法治、德治相结合的秦岭乡村治理体系,做好陕西人文文化引领,把移风易俗教育与思想道德教育结合起来,倡导勤劳致富、崇德向善、诚实守信、遵纪守法的绿色村风。

2.3.5　筑牢气象防灾减灾"第一道防线",提高基层社区单元气候恢复力和"韧性"治理水平

随着气象在国家综合防灾减灾链条中的先导性作用越来越凸显,加强秦岭生态安全和灾害风险预警,建立高风险区、高脆弱地区的防灾减灾体系,筑牢气象预报预警服务作为防灾减灾"第一道防线"显得格外重要,通过气象监测精密、预报精准、服务精细,开发高时空分辨率格点化天气实况与预报服务产品,开展基于影响的预报预警服务、中小河流洪水山洪地质灾害和城市内涝气象服务、交通旅游气象服务等,服务城市乡村两维度的安全运行成为提升治理水平和能力的必然之举。

20 世纪 90 年代初,随着气候变化越来越具有全球性影响,气候恢复力(resilience)已成为政策决策者、国际组织和科学机构涉及天气气候决策方案的重要理念。气候恢复力不但涉及了传统定义的气候系统要素,还包括了人类社会的众多方面,其关键是解决省、市、区县、社区等在气候变化对生态环境造成影响方面的脆弱性问题,增强气候恢复力包括各空间尺度社会单元实施的社会、经济、技术和政治等多维度策略,增强自然多灾种科学防控的风险意识,提高基层单元对自然多灾种的主动适应和积极响应等"韧性"治理水平(陈德亮等,2019)。

在"十四五"时期,既要巩固秦岭脱贫攻坚的成果,又要发力全面实施乡村振兴战略。农业农村农民问题是关系国计民生的根本性问题,扶贫脱贫是一项艰巨任务,更是一项长期积累的问题。加大对极端天气气候风险的管控,因地制宜,"雨养农业"要提前有弹性的应对措施。对居住在自然条件特别恶劣地区的群众加大易地扶贫搬迁力度,适度超前改善深度贫困地区基础设施建设,注重提升自身应对气候变化加剧自然灾害发生的能力;生态保护项目提高贫困人口参与度和受益水平,"扶志""扶智"同时努力提高贫困群众、劳务输出人员的防御自然灾害的风险意识和避灾能力。在脱贫攻坚和乡村振兴有机衔接中,推进乡村气象灾害风险和农村产业融合发展气象服务,加强农村气象灾害风险预警和防范,开展乡村单元气象灾害风险普查、区划和调查,做好政策性农业保险气象保障服务工作,提高农业产业抵御气象灾害风险能力。要以城乡社区为基层单元,增强多灾种科学防控的风险意识,加强基层社区综合防灾减灾救灾能力建设,开展乡村单元气象灾害风险普查、区划和调查,推进将气象灾害风险管理纳入乡村治理体系,提高基层单元的气候恢复力和气候"韧性"治理水平,确保老百姓的生命和财产安全。

第3章 秦岭中、低山积雪分布与变化特点

前面两章分别介绍了秦岭的概况、天气气候和气象灾害特点,秦岭气候生态风险特征及其应对策略。从中可以知道,秦岭气候垂直差异大,中、低山区四季分明,高山区无夏。部分高山积雪时间可达半年以上,存在稳定积雪,对秦岭气候和水资源有着重要的涵养和调节作用。秦岭降水年际和年代际变化明显,年内降水集中导致暴雨洪涝和干旱灾害多发。气候是自然地理环境中最为活跃的要素,是自然生态系统的重要组成部分,其在不同时间尺度上的变化对人类社会有着广泛而深刻的影响。秦岭气候变化及其影响研究可为秦岭生态环境保护提供重要的基础性技术支撑。

20世纪60年代以来,秦岭增暖趋势显著,积雪明显减少。积雪大面积显著减少会影响区域水资源的年内分布和调节,影响部分昆虫和微生物的生活环境,影响区域内河流水资源春秋季水源的分配比例和水库水的来量,影响野生动植物和鸟类的生长栖息环境和迁移习性,影响区域春秋季水旱灾害发生频率和强度,影响区域旅游、群众生产生活和经济收入,进而对生态环境系统和社会各方面产生深刻影响。所以,研究气候变化背景下的秦岭积雪变化是研究秦岭气候生态的一项基础和前期研究工作,对秦岭生态环境保护具有重要意义。从本章开始一直到第7章,我们将聚焦气候变化背景下的秦岭积雪变化和影响因子研究,从多个角度描述秦岭积雪变化的特点以及造成这种变化的主要原因。

本章首先利用秦岭区域内32个气象站地面积雪观测数据,分析秦岭中、低山积雪分布与变化特点。

3.1 秦岭积雪研究现状

研究秦岭积雪变化,首先需要了解国内外积雪研究的现状和研究方向。处于冰冻状态的固态水体占全球淡水资源的80%以上,它是中高纬度绝大部分地区河流和地下水资源的主要来源。地球陆地表面的30%以上被季节性积雪覆盖,而10%的陆地被永久性积雪和冰川覆盖。地表积雪及其季节性变化将影响气候水资源(如河流径流)及人类的生存条件。由于冰雪比其他任何地表类型具有更高的反照率,在全球辐射平衡中发挥着重要的相互作用,积雪既是地球气候变化引起的结果,也是气候模式中的边界条件。因此,对全球和区域气候的了解及水资源的评价需要监测从小尺度到大尺度范围内地表积雪的时空变化特征(李佩成,2008)。

积雪变化是气候变化的重要证据之一。中纬度高山积雪覆盖和冰川无论从全球和区域气候变化,还是水资源利用的角度来讲,都具有重要意义。由于地表积雪的高反照率和低热导率以及极大的时空变化,在调制辐射平衡中扮演着重要的角色。IPCC 2001年的报告指出,自20世纪60年代末,全球积雪面积大约减少了10%,而且北半球的积雪冻土和海冰面积被预估为继续减少。IPCC 2007年的报告又指出在南北半球山地冰川和积雪的平均面积已经减少了,

而这种冰川和冰盖的大范围减少已引起海平面的上升,估计未来的积雪覆盖范围将进一步缩小(除多等,2011)。IPCC 第五次评估报告中指出,北极海冰将继续消融,全球冰川体积和北半球春季积雪范围也将减少(秦大河等,2014)。

在各种气象要素中,气温和降水与冰雪变化的关系最为密切,它们决定冰川雪线高度位置的升降,支配着冰川进退变化积雪消融和冰川物质平衡。在全球气候变暖背景下,全球冰川正在迅速消融(赵宗慈等,2015)。气候变暖对中国积雪变化影响显著(石英等,2010),中国在积雪密度时空分布(戴礼云等,2010)、台站观测的关键积雪参数时空变化(马丽娟等,2012)、遥感反演中国雪深时空变化(戴声佩等,2010)等方面都取得了众多研究成果。一些学者利用站点实测资料与遥感数据研究了青藏高原(柯长青等,1998;伯玥等,2014)、西藏高原积雪变化和影响因子(白淑英等,2014;万欣等,2013;普布次仁等,2013),北疆、乌鲁木齐地区积雪变化(王宏伟等,2014;李杨等,2015;陈颖等,2011;李海花等,2015;陈春艳等,2015)和天山(张丽旭等,2002)、祁连山(张杰等,2005)等常年积雪山峰的雪线变化。

秦岭是中国南北气候分界线,是黄河流域和长江流域分界线,是我国的"中央水塔",太白山是秦岭主峰,海拔 3771.2 m,是中国大陆东部第一高山,冬夏积雪,自古就有"太白积雪六月天"之说。气候变化对秦岭积雪变化影响程度如何?"太白积雪六月天"是否还名副其实很受关注。但有关秦岭积雪变化的研究成果却很匮乏(王娟等,2012),几乎是一个空白。

2015 年 5—6 月,中国气象局、国家应对气候变化战略研究和国际合作中心、陕西省气象局共同举办了"应对气候变化·记录中国——走进陕西"媒体联合科学考察与公众科普活动,关注焦点之一就是太白山积雪的变化。笔者对太白气象站地面积雪观测资料进行分析的结果表明:太白气象站年积雪日数平均以 3.2 d/10 a 的速率减少,年最大积雪深度平均以 1.5 cm/10 a 的速率减少(雷向杰等,2016)。中国天气网深度报道《气候变暖给太白山带来了什么?》使用了这一结论,引起媒体高度关注。此后,中央电视台中文国际频道(CCTV-4)、《中国国家地理》《中国气象报》《陕西日报》、陕西电视台新闻联播、眉县电视台等主流媒体先后采访报道,人民网、凤凰网、今日头条等多家网站转载(见 8.3 节)。2016 年论文《1962—2014 年秦岭主峰太白山地区积雪变化特征及其成因分析》在《冰川冻土》第 5 期发表,陕西省气象局以题为《秦岭主峰太白山积雪变化情况》的决策气象服务咨询报告形式上报陕西省人民政府。

综上所述,我国在气候变化与冰川积雪研究方面取得众多成果,但秦岭积雪变化的研究却很匮乏。2015 年以来,笔者及其团队在秦岭主峰太白山积雪研究方面取得的部分成果引起社会广泛关注。说明秦岭积雪研究社会需求强烈,政府部门和社会各界高度关注。气候变化背景下秦岭积雪变化研究的意义在于以下几方面。

第一,秦岭积雪变化研究十分匮乏,几乎还是一个空白,而对全国和区域气候变化的了解及水资源的评价,需要监测和研究不同尺度范围内积雪的时空变化特征。本书研究成果可弥补秦岭积雪研究方面的不足,揭示秦岭积雪分布和变化的基本事实和原因,提供该区域气候变化及其影响的直接证据,丰富我国区域积雪变化的研究成果。

第二,我国气象站高山积雪观测已经开展了将近 40 a,但高山积雪观测记录的应用却很少见。秦岭主峰太白山积雪变化使用了高山积雪观测记录,很好地弥补了卫星遥感监测资料的不足,从中计算得到的多年平均积雪日数、平均初日和终日与科学考察和调查结果相符(雷向杰,2017)。秦岭 32 个气象站 1980—2017 年高山积雪观测记录的应用,一定程度上解决了秦岭高山区缺少观测资料的问题,在分析秦岭高山积雪日数时空分布和变化,验证陕西关中八景之一"太白积雪六月天"的客观存在和秦岭存在区域性稳定高山积雪,合理解释"鳌太穿越"事故高发原因等方面发挥了重要作用,为回应社会关切的热点问题提供了数据和技术支撑,为进行风险分析提供基础资料。本书对秦岭 32 个气象站高山积雪观测记录进行系统整理和应用,与气象站地面积雪观测数据和卫星遥感资料相互补充和印证,给出了此类资料的使用方法和效果。在大数据应用技术和多源数据融合方法快速发展的大背景下,项目研究成果对全国其他地区将气象站高山积雪观测记录用于积雪研究具有借鉴意义。

第三,对秦岭气候生态系统变化,特别是秦岭高山区积雪分布和变化的全面分析和认识,可以提升气象从业人员对秦岭天气气候特点的认识水平,支撑气象部门定期或者不定期地制作发布秦岭高山区积雪监测和预报产品,为秦岭国家中央公园建设和立法保护提供参考,也可以供旅游管理部门参考使用。例如,监测结果可用于进入秦岭高山区的旅游者正确评估旅游的风险,有利于有效遏制近十多年鳌太穿越等线路越来越高的事故率。同时,可为完善当地应对气候变化方案提供基础数据,为汉江流域南水北调水源地水源预测分析和水源合理调配,关中地区春秋季水资源合理利用提供决策参考。

在通过查阅文献分析国内外研究现状和发展方向的基础上,研究人员进行了多次调研学习和交流研讨,进一步了解我国积雪研究方面的最新成果和技术方法。

2018 年 5 月 25 日,项目组研究人员和受邀教授学者在西安召开秦岭积雪变化研究技术方法研讨会。本书第一著者介绍秦岭积雪变化研究内容、技术思路和方法,研究工作进展,特邀专家白红英、杨文峰、胡春娟、王钊等提出看法和建议。西北大学教授、博士生导师白红英博士向与会者作了题为《气候变化与秦岭植被生态系统响应》的学术报告,介绍了秦岭气候变化、林线和物候期变化研究使用的方法和取得的最新成果、实际考察情况,拓展了研究人员的视野和研究思路。

2018 年 10 月 11—12 日,项目组一行 5 人在兰州西北区域气候中心和中国科学院西北生态环境资源研究院调研学习,了解西北区域气候中心祁连山积雪监测评估技术和研究成果,与中国科学院西北生态环境资源研究院遥感与地理信息科学研究室副主任、国家重大基础资源调查项目"中国积雪特性及分布"首席科学家王健研究员和项目第一课题负责人车涛研究员的团队进行交流,听取专家建议。2018 年 11 月 8—9 日,项目组一行 3 人参加第五届全国"农业与气象"论坛暨第 18 届陕西省气象学会学术年会,做大会报告交流,回答问题,听取专家建议,交流论文获年会优秀论文奖。2018 年 12 月 1—2 日,项目组一行 3 人到北京大学参加第四届地理·环境讲坛,到北京大学遥感所调研学习积雪监测评估技术。每一次调研学习和交流讨论之后,研究人员及时讨论和修订秦岭积雪变化研究的技术思路和方法,对已有研究成果进行修改完善。

3.2　秦岭中、低山积雪时空分布

20 世纪 50 年代和 60 年代建立在秦岭的气象站建站时间早,观测人员和监测仪器齐全,地面观测规范严格,资料时间序列长,观测要素多,是研究秦岭过去 50 多年积雪变化和气候变化最重要、最全面、最基础的资料,也是全国乃至全球开展积雪变化和气候变化研究最基础、最常用的气象观测资料。但是,这种观测资料也存在一个明显的缺陷,就是缺少高山区的观测数据,这是因为这类气象站配备有齐全的观测人员,气象站所在地要具备最基本的生活条件,所以,20 世纪 50 年代和 60 年代建立在秦岭的气象站多处在秦岭的中、低山区和台塬等具备基本生活条件的地方,没有建在高山区的气象站。而秦岭积雪,特别是长时间的大范围积雪主要分布在高山区,卫星遥感资料和气象站高山积雪观测记录、科学考察和实际调查结果以及近几年建设在高山区的自动气象站观测数据都说明了这一点。要全面认识秦岭积雪变化以及发生变化的原因,就要综合分析多种资料的分析结果(图 3.1)。本章首先从建站历史较长的气象站地面监测数据出发,分析秦岭中、低山(含台塬区,下同)积雪变化的特点。在后面几个章节中,将专门对遥感监测数据和高山积雪观测记录等资料进行分析,以期对秦岭积雪变化和气候变化有一个比较全面和深入的认识。

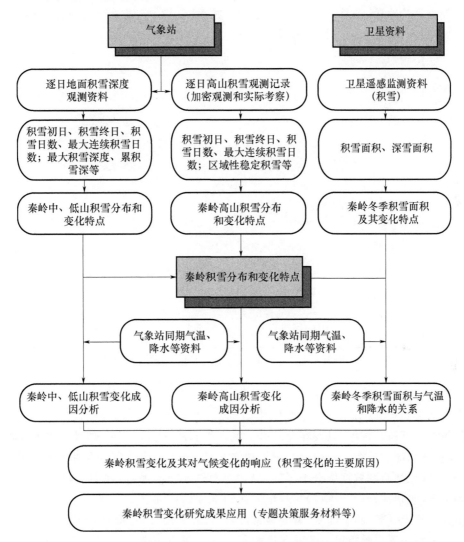

图 3.1　气候变化背景下的秦岭积雪变化研究技术路线图

陕西省发展和改革委员会和陕西省财政厅 2018 年编写的《秦岭生态系统综合管理研究》一书中,秦岭陕西段包括陕西中南部的 6 市 38 县(市、区),2020 年制定的《陕西省秦岭生态环境保护总体规划》中秦岭涉及 6 市的 39 个县(市、区),与前者相比,后者增加了安康市的岚皋县大河道镇。所有 39 县(市、区)中宝鸡的太白县和凤县,汉中的佛坪县、留坝县、略阳县,安康的宁陕县,商洛的商州区、丹凤县、洛南县、商南县、山阳县、柞水县、镇安县共 13 个县(区)全境都在秦岭的区域内,其他 26 个县(市、区)为部分乡(镇)、街道办事处在秦岭区域内。参考相关研究文献,选取秦岭区域内所有县(市、区)中气象站处于秦岭区域以内或者比较接近且具有长时间连续观测资料的 32 个气象站,作为本书研究秦岭积雪使用的国家气象站。这些气象站包括:宝鸡、眉县、周至、长安、华山、蓝田、华州、潼关、华阴、鄠邑(原户县,下同)、太白、洛南、凤县、略阳、勉县、留坝、洋县、汉中、城固、佛坪、宁陕、柞水、商县、镇安、丹凤、商南、山阳、紫阳、石泉、汉阴、旬阳、安康,共计 32 个。

32 个气象站中,有 13 个气象站位于秦岭北坡,有 19 个气象站位于秦岭南坡。位于秦岭北坡气象站为宝鸡、眉县、周至、长安、华山、蓝田、华州、潼关、华阴、鄠邑、太白、洛南、凤县;位于南坡的气象站为略阳、勉县、留坝、洋县、汉中、城固、佛坪、宁陕、柞水、商县、镇安、丹凤、商南、山阳、紫阳、石泉、汉阴、旬阳、安康(图 3.2)。

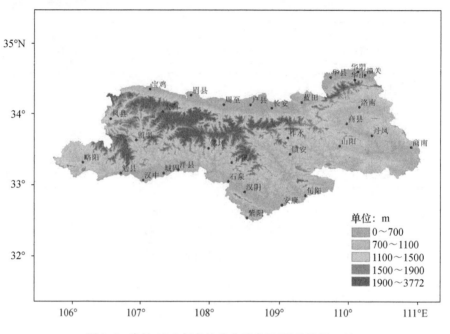

图 3.2　秦岭 32 个气象站分布示意图(另见彩图 3.2)

本章使用资料主要包括秦岭 32 个气象站 1961 年 1 月 1 日—2016 年 12 月 31 日逐日降水、气温、积雪深度监测数据,以及在此基础上统计得到的月、季、冷季、年或者年度等各时段平均气温、降水量和降雪日数、积雪日数、积雪初终日期、最大积雪深度和累积积雪深度(累积雪深)等数据。气象站监测数据依据中国气象局《地面气象观测规范》观测并经过严格的质量审核。积雪指雪(包括霰、米雪、冰粒)覆盖地面达到气象站四周能见面积一半以上(霰指白色不透明的圆锥或球形颗粒,固态降水,着硬地常反跳,松脆易碎)。雪深是从积雪表面到地面的垂直深度。气象站一般用量雪尺或普通米尺测量雪深。量雪尺是一木制的有厘米刻度的直尺。雪深观测一般选择在观测场附近平坦、开阔的地方。入冬前,先将选定地段平整好,清除杂草,并做上标记。当气象站四周视野地面被雪(包括霰、米雪、冰粒)覆盖超过一半时观测雪深,雪深以厘米为单位,取整数。符合观测雪深条件的日子,每天 08 时在观测地点将量雪尺垂直地插入雪中到地表为止,依据雪面所遮掩尺上的刻度线,读取雪深的厘米整数,小数四舍五入;使用普通米尺时,若尺的零线不在尺端,雪深值要加上零线至尺端距离的相当厘米数值。每次观测应做三次测量,计入观测簿相应栏中,并求其平均值。三次测量的地点,彼此相距应在 10 m 以上(丘陵山地气象站因地形所限,距离可适当缩短),并做上标记,以免下次在原地重复测量。

平均雪深不足 0.5 cm 计 0。若 08 时未达到测定雪深标准,之后因降雪而达到测量标准时,则应在 14 时或 20 时补测一次,记录记在当日雪深栏,并在观测簿备注栏注明。若气象站四周积雪的面积过半,但观测地段因某种原因无积雪,则在就近有积雪的地方,选择较有代表性的地点测量雪深。如因吹雪或其他原因使观测地段的积雪高低不平时,应尽量选择比较平坦的雪面来测量。如丘陵、山地的气象站四周积雪达到观测积雪标准,但由于地形影响,观测站已无积雪存在时,雪深不测量,但应在观测簿备注栏注明(中央气象局,1979;中国气象局,2003)。

随着经济社会的发展和科技的进步,气象自动观测技术不断发展,自动观测成为今后发展的方向。2018 年 11 月,陕西首个 DSJ1 型雪深观测仪在秦岭的太白气象站建成并投入试运行,填补了陕西气象自动观测中的一项空白,提高了气象部门对降雪和积雪的实时监测及预警能力,并将为其他气象站的使用积累经验,发挥示范作用。雪深观测仪是一种可以实现雪深自动化连续监测的智能雪深测量观测仪,可以长期连续测量积雪深度、时段降雪量等,可以实现对积雪深度的全天候连续观测,使雪深观测结果更加客观化、观测资料能够连续化,减少台站观测人员的工作量,增加雪深的观测次数,提高观测质量和观测效率,进而为公众提供更多有价值的监测信息。早在 2012 年 9 月,中国气象局综合观测司就制定了《雪深自动观测规范(试行)》,2016 年 8 月 15 日,中国气象局气象探测中心承担的公益性行业(气象)科研专项"冰雪自动化业务观测方法研究",完成了冰雪观测 7 种传感器及其观测方法和业务应用的研究,研制的 WUSH-SD 型激光雪深测量传感器于 2013 年 4 月通过中国气象局业务定型,并在气象等部门的观测业务中应用。随着气象站实现观测环境实景监控、物候实景监测,一些气象站开始使用实景监测量雪尺的方法实现积雪深度的加密和实时监测。2020 年气象部门地面气象观测实现全面自动化。需要说明的是,积雪深度自动观测和实景观测虽然取得较大进展,但仍存在一些问题,仍处于试验推广过程中,还无法大范围替代人工观测手段。本章使用的积雪深度观测资料不包含雪深观测仪和采用实景方法得到的积雪深度资料。

气象站观测有积雪的日期称为积雪日。年或者年度、月最大积雪深度指时段内观测到的日积雪深度最大值,累积积雪深度(或累积雪深)为逐日积雪深度之和。连续积雪日数指连续多日有积雪,且中间无间断的日数。定义年为当年 1 月 1 日—12 月 31 日,年度为当年 7 月 1 日—次年 6 月 30 日,冷季(或冬半年)为当年 11 月 1 日—次年 4 月 30 日,冬季为当年 12 月 1 日—次年 2 月 28 日或者 29 日。例如,1998 年 7 月 1 日—次年 6 月 30 日为 1998/1999 年度,简写为 1998 年度;1998 年 12 月 1 日—次年 2 月 28 日为 1998/1999 年冬季,简写为 1998 年冬季。按年或者年度、冬半年、冬季和月分别计算积雪日数,按年度计算最长连续积雪日数,按年度和月分别计算最大积雪深度和累积积雪深度。

尽管相关文献给出了太白山高山、中山、低山的划分指标,但和国内多数山脉一样,秦岭并没有一个准确的高山和中山、低山的划分标准。秦岭有长序列观测资料的 32 个气象站中海拔最高的是华山气象站,海拔高度 2064.9 m;为了描述方便,本书将 32 个气象站地面积雪观测资料分析结果统一视为秦岭中、低山(含台塬区,下同)积雪变化特点,32 个气象站高山积雪观测记录分析结果统一视为秦岭高山积雪变化特点;需要说明的是,华山气象站情况比较特殊,它的海拔高度超过 2000 m,气象站观测场高度仅比华山最高峰南峰 2154.9 m 低 90 m,比东峰 2096.2 m 低 31.3 m,比其所在的华山西峰最高处 2082.6 m 低 17.7 m,导致华山气象站没有条件观测高山积雪,因此没有高山积雪观测记录。鉴于华山气象站的海拔高度已经比较高,为了高山积雪分析的完整性和合理性、科学性,本书第 4 章、第 5 章分析秦岭气象站高山积雪观测记录时,将华山气象站地面观测到的积雪日数和初终日期等资料同时作为华山气象站观测到的高山积雪记录与其他31个气象站一起进行分析。即本书中,华山气象站地面积雪观测资料既用于秦岭中、低山积雪分析,也用于秦岭高山积雪分析中,使用了两次。

3.2.1　秦岭中、低山积雪日数时空分布

（1）秦岭中、低山年积雪日数空间分布

从秦岭32个气象站1961—2016年各气象站年平均地面积雪日数分布图（图3.3（彩））可知,华山年积雪日数最多,达到75.9 d,太白次之,为33.1 d,城固、安康、洋县等仅有2 d,32个气象站年平均积雪日数12.0 d。积雪日数最多的华山、太白气象站也是海拔最高的气象站,积雪日数较少的城固、安康、洋县气象站,也是海拔较低的气象站。

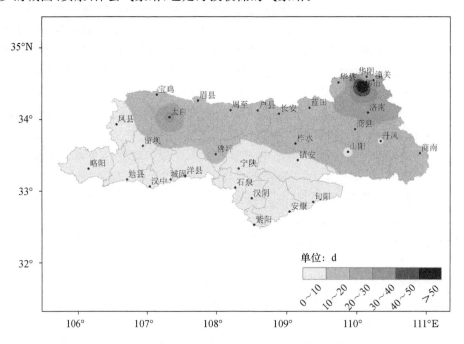

图3.3　秦岭中、低山1961—2016年年平均积雪日数分布图（另见彩图3.3）

为了进一步分析秦岭积雪日数与海拔高度的关系,根据 GB/T 33412—2017《地面标准气候值统计方法》,统计分析1981—2010年秦岭32个气象站年平均积雪日数标准气候值,进而利用标准气候值分析秦岭积雪日数与海拔高度的关系,结果表明气象站年积雪日数与海拔高度关系密切,北坡年平均积雪日数随海拔高度递增率2.9 d/100 m,南坡年平均积雪日数随海拔高度递增率1.5 d/100 m,整个秦岭年平均积雪日数随海拔高度递增率2.9 d/100 m。秦岭年积雪深度≥5 cm日数0.1~39.1 d,勉县（海拔高度548.1 m）最少,华山最多。年积雪深度≥10 cm日数秦岭北坡中部和东部,洛南1~2 d,华山最多,达15.9 d,南坡汉江沿岸部分地方没有出现过深度大于或等于10 cm的积雪,其余地方0.1~0.9 d。年积雪深度≥20 cm积雪日数华山2.4 d,其他地方几乎没有出现过积雪深度≥20 cm的积雪。值得一提的是,秦岭32个气象站1981—2010年年平均积雪日数0.9~70.4 d,旬阳海拔高度最低（285.5 m）,积雪日数最少,为0.9 d,华山海拔高度最高（2064.9 m）,积雪日数最多,为70.4 d。华山气象站是秦岭和陕西境内海拔高度最高的气象站,也是秦岭和陕西境内气象站中年平均积雪日数最多的气象

站。太白气象站海拔高度 1543.6 m,是秦岭海拔高度仅次于华山的气象站,年积雪日数 32 d,是秦岭年积雪日数第二多的气象站。秦岭积雪日数与海拔高度关系十分密切。

秦岭年积雪日数与年降雪日数密切相关。1981—2010 年秦岭 32 个气象站年平均降雪日数秦岭南坡汉江沿岸的城固、洋县、旬阳 6~9 d,秦岭北坡渭河沿岸各地以及凤县、略阳、勉县、石泉、汉阴、镇安、商南、丹凤 10~20 d,其余地方大于 20 d,其中洛南、佛坪、太白、华山大于 30 d,华山 59.6 d,为秦岭年降雪日数的最大值,也是陕西年降雪日数的最大值,与洛南 (30.2 d)等地一起构成秦岭东部一个降雪日数高值区。太白 51.5 d,与佛坪(34.7 d)一起构成秦岭西部一个降雪日数高值区。

上述结果是根据秦岭区域内 32 个气象站地面观测数据分析的,也是长期以来对秦岭积雪分布的基本认识。但事实上,秦岭和陕西积雪最多的地方不在华山,最冷的地方也不在华山,而是在秦岭主峰太白山,在从鳌山到太白一线秦岭山脉海拔最高的一段主脊上,即拔仙台至鳌山之间秦岭主脊及其两侧,包括太白山最高峰拔仙台(海拔 3771.2 m)在内的秦岭海拔高度最高的山峰和山脊上。秦岭南坡气候自下而上分别具有亚热带、暖温带、温带、寒温带、亚寒带 5 种气候带特征,秦岭北坡气候自下而上分别具有暖温带、温带、寒温带、亚寒带 4 种气候带特征。只是因为秦岭高山区自然条件恶劣,长期以来没有监测地面积雪的气象站,导致高山区缺少监测资料,监测资料和分析结果长期存在一个较大的空白区。本书将利用秦岭 32 个气象站高山积雪观测记录和卫星遥感监测资料综合分析,弥补资料上的空白,揭示秦岭高山积雪分布的基本事实,相关部分内容详见本书第 5 章和第 6 章。本章分析秦岭 32 个气象站地面积雪观测资料,得到的结果是秦岭中、低山积雪分布和变化的特点。

1963 年度、1971 年度、1988 年度、1968 年度、1973 年度是秦岭 1961—2016 年度地面积雪日数最多的 5 个年度,为多积雪年,年度平均每站积雪日数 20.3~22.3 d(韩婷等,2020)。1963 年度积雪日数最多,32 站共有积雪 714 d,平均每站 22.3 d,其中华山最多 112 d,柞水 80 d,太白 48 d,有 14 个气象站积雪日数超过 20 d,城固全年度没有积雪;1971 年度总积雪日数 697 d,平均每站 21.8 d,其中华山最多 109 d,太白、蓝田、洛南、潼关积雪日数超过 40 d,城固全年度无积雪;1988 年度总积雪日数 660 d,平均 20.6 d,32 个气象站均有积雪出现,其中华山积雪 91 d,洛南 68 d,13 个气象站积雪日数超过 20 d;1968 年度总积雪日数 650 d,平均每站 20.3 d,华山 100 d,太白 54 d,长安 40 d,蓝田 37 d,本年度积雪集中在秦岭北坡,有 14 个气象站积雪超过 20 d,城固、紫阳全年度无积雪;1973 年度总积雪日数 624 d,平均每站 20.3 d,17 个气象站积雪日数超过 20 d,华山最多 79 d,洛南 44 d,城固全年度无积雪。在秦岭中、低山积雪日数最多的 5 个年度中,华山积雪日数均在 70 d 以上,积雪达 20 d 以上的气象站有十余个,城固积雪日数很少,勉县、洋县、汉阴、紫阳、石泉、旬阳、安康纬度较低,积雪日数都在 10 d 以下(图 3.4)。

1998 年度、2008 年度、2006 年度、2012 年度和 2003 年度是秦岭 32 个气象站年度地面积雪日数最少的 5 个年度,为少积雪年,年度平均每站积雪日数 1~5 d。1998 年度秦岭 32 个气象站积雪总日数最少,仅为 41 d,平均每站 1.3 d,积雪主要出现在华山 17 d、太白 7 d、洛南 5 d,有 21 个气象站没有出现积雪;2008 年度积雪日数共 86 d,平均每站 2.7 d,积雪主要分布在华山 38 d,太白 14 d、洛南 5 d、蓝田 4 d,有 11 个气象站没有出现积雪;2006 年度秦岭积雪日数 129 d,平均每站 4 d,其中华山 57 d,太白 20 d,洛南 14 d,有 14 个气象站没有出现积雪;2012 年度共有积雪日数 164 d,平均每站 5.1 d,其中华山 50 d,太白 19 d,潼关、蓝田、洛南积雪日数超过 10 d,有 4 个气象站没有出现积雪;2003 年度积雪日数共 174 d,平均每站 5.4 d,其中华山 64 d、太白 35 d、洛南 16 d,有 12 个气象没有出现积雪。从上述分析可以看出,秦岭中、低山少积雪年度积雪主要分布在华山,太白次之,洛南第 3,城固 5 个年度中均没有出现积雪,勉县、洋县、汉阴、石泉、旬阳、安康 5 个年度中仅有 1 d 积雪。秦岭中、低山少积雪年度积雪同样主要出现在海拔较高的山区,秦岭南部汉江沿岸海拔较低的地方积雪很少(图略)。

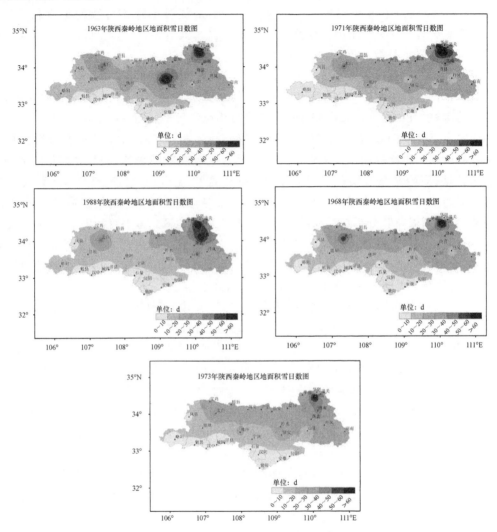

图 3.4　秦岭中、低山 1961—2016 年度 5 个多积雪年积雪日数分布图

秦岭 1961—2016 年度各月平均积雪日数统计结果显示,积雪主要出现在 10 月至次年 5 月,其中 12 月、1 月、2 月、3 月、4 月积雪日数较多。1 月平均积雪日数有 4.0 d,是全年积雪日数最多的月份,占全年积雪的 1/3;2 月积雪日数 3.0 d,占全年的 25.3%;12 月积雪日数有 2.1 d,占全年的 17.5%(图 3.5)。冬季(12 月至次年 2 月)平均积雪日数 7.2 d,占全年的 59.7%,冷季(11 月至次年 4 月)11.6 d,占全年的 96.9%。秦岭年度积雪日数主要集中在冷季,冷季积雪日数占年度积雪日数的近 97%,冷季是秦岭积雪分布和变化研究的重点。下面重点对秦岭冷季积雪分布和变化特点进行分析。

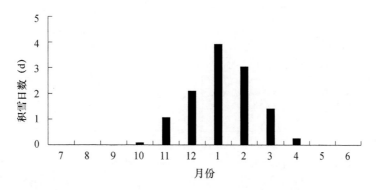

图 3.5　秦岭中、低山 1961—2016 年度各月平均积雪日数分布图

（2）秦岭中、低山冷季积雪日数空间分布

1962—2016 年度秦岭 32 个气象站冷季多年平均积雪日数空间分布呈现北多南少的分布，表现为北坡积雪日数比南坡多（图 3.6），并与海拔高度呈正比关系，即海拔越高地区积雪日数越多。冷季积雪日数最多为华山，共有 69.8 d，其次是太白站，有 30.9 d。

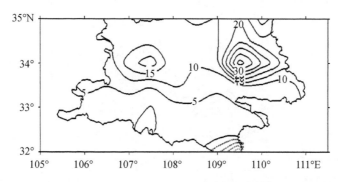

图 3.6　秦岭中、低山 1962—2016 年度冷季平均积雪日数分布图（单位:d）

影响秦岭积雪日数分布和变化的因素很多，为了深入了解秦岭积雪分布，下面对秦岭冷季积雪日数空间分布进行分区，分别讨论积雪日数的变化特征。对 1962—2016 年度秦岭冷季积雪日数进行旋转正交分解（REOF），给出经过旋转后的前 5 个特征向量（图 3.7），它们在旋转前的解释方差贡献共为 86%，在第 1 空间模态中，等值线密集区位于秦岭中部地区，负的大值区域在秦岭南部，整体呈现的是南北反向的空间分布，说明秦岭南部冷季积雪日数的变率较大。该地区大部位于秦岭南坡，随着西南季风和东南季风带来的大量孟加拉湾和南海水汽，暖湿空气被迫沿着秦岭南坡爬升，导致秦岭南坡降水变率比北坡大。从第 2 空间模态可以看出，整体呈现的是西北—东南反向的空间分布，正的高值区位于秦岭西北部，也是秦岭主峰太白山所在的位置，这里有秦岭海拔高度仅次于华山的太白气象站。第 3 空间模态显示的是东西反向的空间分布，正高值区位于秦岭东北部。从第 4 空间模态可以看出，秦岭中间和东西两侧反向空间分布，正高值区位于秦岭东南部。第 5 空间模态负值中心位于秦岭西部，西南和中部为正值中心（李茜等，2020）。

按照载荷绝对值大于 0.5 的高载荷分布区域分析，大致可以将秦岭划分为 5 个区域（图 3.8）:西北区（Ⅰ），东北区（Ⅱ），西南区（Ⅲ），南区（Ⅳ），东南区（Ⅴ）。

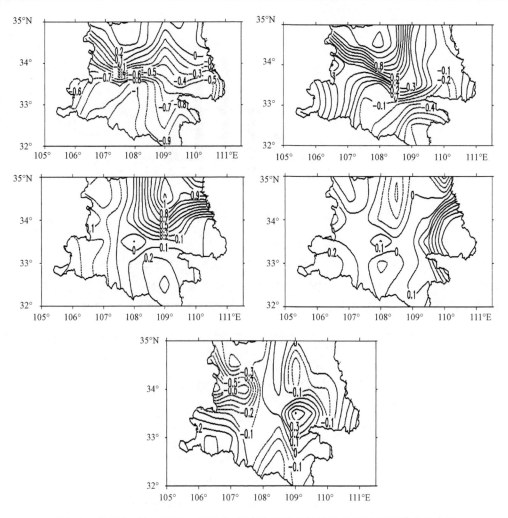

图 3.7　秦岭中、低山 1962—2016 年度冷季积雪日数前 5 个旋转空间模态分布图

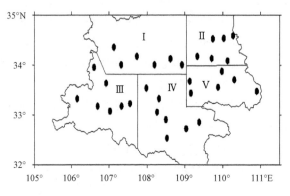

图 3.8　秦岭中、低山冷季积雪日数分区示意图

3.2.2　秦岭中、低山最大积雪深度时空分布

通过对 1961—2016 年度秦岭 32 个气象站地面最大积雪深度进行分析,发现秦岭中、低山最大积雪深度集中出现在 10 月至次年 5 月。11 月、1 月、2 月、3 月平均最大积雪深度均超过

了 10 cm(图 3.9)。32 个气象站中,年地面最大积雪深度出现在 10 月的占 4.1%,出现在 11 月的占 16.4%,12 月占 13.1%,1 月占 19.2%,2 月占 18.2%,3 月占 18.3%,4 月占 9.6%,5 月占 1.2%,7 月、8 月、6 月都没有出现过年最大积雪深度。

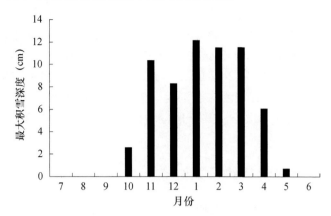

图 3.9　秦岭中、低山 1961—2016 年度各月平均最大积雪深度分布图

1961—2016 年度秦岭 32 个气象站年平均最大积雪深度由东北向西南递减,整体由北向南递减。华山平均最大积雪深度 21.6 cm,太白平均最大积雪深度 9.7 cm,这 2 个气象站实测到的历年最大积雪深度平均值为 32 个气象站中最深的。城固平均最大积雪深度 1.7 cm,安康平均最大积雪深度 1.9 cm,洋县平均最大积雪深度 2.6 cm,这 3 个气象站实测到的历年最大积雪深度平均值为 32 个气象站中最浅的。

秦岭 32 个气象站 1980—2010 年地面积雪标准气候值显示,秦岭 30 年年最大积雪深度除南坡汉江沿岸的勉县、城固、汉阴为 6～9 cm 外,其余地方均在 10 cm 以上,秦岭中东部的长安、洛南、商县、旬阳、白河均在 20 cm 以上,其中华山、山阳、丹凤大于或等于 30 cm,华山达到 35 cm,为秦岭 32 个气象站年最大积雪深度的最大值,也是陕西所有气象站中年最大积雪深度的最大值。秦岭西部太白气象站年最大积雪深度达到 20 cm,为秦岭年最大积雪深度的另一个高值区。值得一提的是,上述积雪深度值是气象站严格按照地面观测规范观测的结果,气象站一般建在地势较为平坦的地方,海拔高度一般都不是很高,而山区地形地貌复杂,有些地方的最大积雪深度要比气象站测到的地面积雪深度深许多。例如,1988 年 12 月 27 日—1989 年 2 月 23 日陕西境内先后出现五次降雪过程,1—2 月全省平均降水量 42 mm,较常年偏多近两倍,秦岭 32 个气象站 1989 年 1—2 月最大积雪深度,特别是 2 月最大积雪深度几乎都在10 cm 以上,1989 年 2 月 21—23 日 2/3 的气象站最大积雪深度 13～35 cm,打破了此前的历史记录。1989 年 2 月 23 日丹凤、山阳积雪深度 30 cm,1989 年 2 月 22 日华山积雪深度为 23 cm,而文献记载秦岭山区积雪达 50～70 cm,1 月 4—9 日秦岭西部山区电线积冰直径达 100～140 mm,覆冰重量 2.3～3 kg/m(杨观竹等,1990)。而事实上,秦岭地形地貌复杂,冬季风大,风吹雪现象明显,山区有些地方的雪有时会很厚。例如,一些秦岭交通管制或者失踪人员搜寻的新闻报道中常常提到秦岭山中的积雪深达 1 m 以上,最深处甚至可达 1.5 m 或者 2 m。

秦岭 1980—2010 年年最大积雪深度出现时间不同区域差异较大。秦岭东部除柞水以外商洛市其他地方,安康市区及旬阳、白河,秦岭西部的佛坪、留坝、城固、南郑等年最大积雪深度均出现在 1989 年 2 月 22—23 日。秦岭西部的太白、凤县、眉县年最大积雪深度出现在 2000 年 11 月 11 日;秦岭北坡渭河沿岸的华阴、华州、渭南、蓝田、长安等地出现在 2009 年 11 月 12 日。

除此之外,秦岭其余地方年最大积雪深度分别出现在 1994 年 1 月 18 日,1992 年 2 月 4 日,1999 年 11 月 27 日,2008 年 1 月 28 日,1990 年 1 月 30 日等。

　　与积雪类似,和气候变化密切相关的秦岭最大冻土深度分布特点是北部深、南部浅。1981—2010 年,冻土深度最大的是太白,达 49 cm,周围的宝鸡、眉县大于 30 cm,共同形成秦岭西部的一个冻土深度大值中心;秦岭中东部渭河南岸的西安、临潼、华阴、华州以及商洛的洛南最大冻土深度大于 30 cm,形成一个以临潼(42 cm)为中心的冻土深度大值区。秦岭其他地方最大冻土深度北坡为 20～30 cm,南坡小于 20 cm,其中南坡的汉江沿岸 6～9 cm,旬阳最小 6 cm。华山没有观测冻土深度。最大冻土出现时间秦岭北坡渭河南岸除周至出现在 1986 年 1 月(出现 3 次)外,其余地方均出现在 2003 年 1 月 10—13 日,出现时间比较集中。

3.2.3　秦岭中、低山积雪初终日期分布

　　根据 1961—2016 年度统计结果,秦岭中、低山地面积雪初日较早地区主要分布在秦岭东北部和西北部(图 3.10(彩)),以华山和太白为中心,秦岭北坡积雪初日均早于秦岭南坡,汉中市和安康市各个区县积雪初日最晚。从秦岭中、低山地面积雪终日分布图可以看出,积雪终日东部和北部结束的较晚,南部和西南部结束的较早,华山和太白是结束最晚的两个气象站,柞水也相对较晚。从秦岭积雪初终间日数(即初日与终日间的日数)分布图可以看出,积雪初终间日数由东北部的华山向西南部递减,由北部太白向南部递减。勉县、汉中、城固、洋县、汉阴、紫阳、安康、旬阳积雪初日均较晚,积雪终日较早,初终间日数较少。

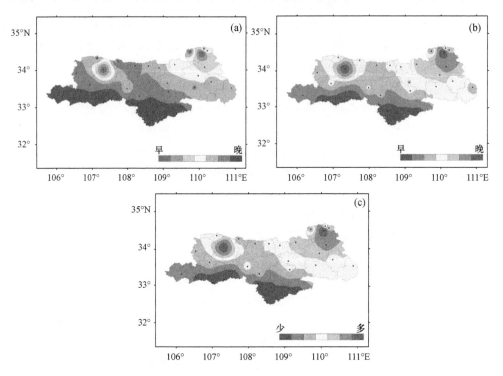

图 3.10　1961—2016 年度秦岭中、低山平均积雪初日(a)、终日(b)、
初终间日(c)分布图(另见彩图 3.10)

3.3　秦岭中、低山积雪变化特点

本节采用最小二乘法作线性倾向估计,分析秦岭中、低山积雪日数、积雪深度、积雪初终日期等随时间的变化趋势,用线性倾向率表示气象要素的变化趋势和变化速率。通过对气象要素与时间相关系数的检验,判断变化趋势是否显著(魏凤英,1999)。

3.3.1　秦岭中、低山积雪日数变化特点

(1)秦岭中、低山年积雪日数变化特点

秦岭 1961—2016 年度 32 个气象站各站年平均积雪日数华山最多,达 75.9 d,太白其次 33.1 d,城固 1.5 d、安康 1.8 d、洋县 2.1 d,32 站平为 12.0 d,年平均积雪日数与时间(年)的线性方程为:

$$y = -0.1406x + 15.962$$

由此可知,秦岭中、低山年度平均积雪日数平均以 1.41 d/10 a 的速率减少,通过了 $\alpha = 0.01$ 的显著性水平检验。由图 3.11 可知,1961—1974 年度平均积雪日数呈短暂增加趋势,增加幅度较小,1963 年度年平均积雪日数达到峰值 22.3 d,1998 年度最少为 1.8 d,56 个年度中秦岭中、低山年平均积雪日数极差为 22.0 d,最大值是最小值的 17 倍多。

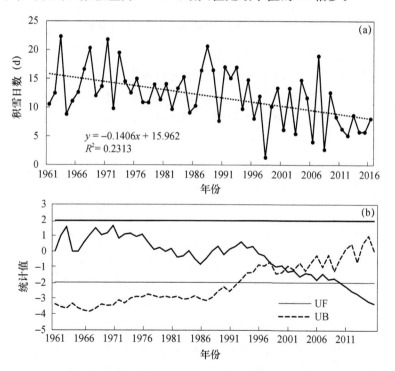

图 3.11　秦岭中、低山 1961—2016 年度年平均积雪日数变化图(a)和突变检验(h)

1961—2016 年度,秦岭 32 个气象站平均每站年地面积雪日数为 12.0 d,其中 1961—1969 年度平均每站每年度 14.1 d,是多年平均积雪日数的 1.17 倍;1970—1979 年度平均为 14.2 d,是多年平均值的 1.18 倍;1980—1989 年度平均为 13.7 d,是多年平均积雪日数的

1.14 倍;1990—1999 年度平均为 9.4 d,是多年平均值的 0.78 倍,2000—2009 年度平均积雪日数为 10.3 d,是多年平均值的 0.86 倍,2010—2016 年度平均积雪日数为 6.9 d,是多年平均值的 0.58 倍。20 世纪 60 年代和 70 年代地面积雪日数最多,随着时间的推移,地面积雪日数逐渐减少。秦岭 1961—2016 年度积雪日数整体呈现减少趋势,利用 Mann-Kendall 统计检验和滑动 t 检验,综合分析 20 世纪末期为秦岭地面积雪突变年。

对秦岭地面积雪日数进行小波分析,由图 3.12(彩)可知,研究区存在 2 a、5 a、15 a、20 a 的动态周期变化,小波系数正值和负值交替出现。整体存在 2 a 的周期,20 世纪 60 年代、80 年代存在 5 a 的周期,20 世纪明显以 20 a 为周期,进入 21 世纪后,周期由 20 a 变化为 15 a。秦岭地面积雪日数发生突变后积雪日数周期也发生了明显变化。

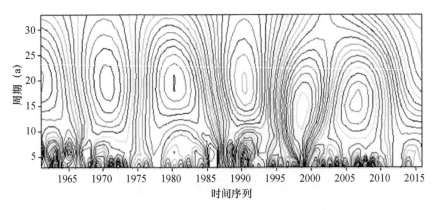

图 3.12　秦岭中、低山 1961—2016 年度地面积雪日数小波分析图(另见彩图 3.12)

(2)秦岭中、低山冷季积雪日数变化特点

由前面的分析可以知道,秦岭中、低山积雪主要出现在冷季,冷季积雪日数占年度总日数的近 97%。1962—2016 年度秦岭中、低山冷季积雪日数的线性倾向率为一致的下降趋势,其分布与海拔高度呈反比关系,即海拔越高线性倾向率越小,也就是说海拔越高积雪日数减少得越多。华山冷季积雪日数达到每 10 a 减少 8.3 d。其他大部分气象站冷季积雪日数每 10 a 减少 1 d 左右(图 3.13)。

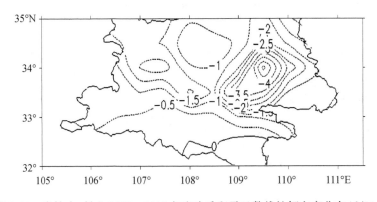

图 3.13　秦岭中、低山 1962—2016 年度冷季积雪日数线性倾向率分布(d/10 a)

根据图 3.8 中的分区结果,对 5 个区的冷季积雪日数变化趋势分别进行分析。从图 3.14 可以看出,5 个区的冷季积雪日数均呈现显著减少趋势,其中南区(Ⅳ)和东南区(Ⅴ)减少趋势尤为突出。

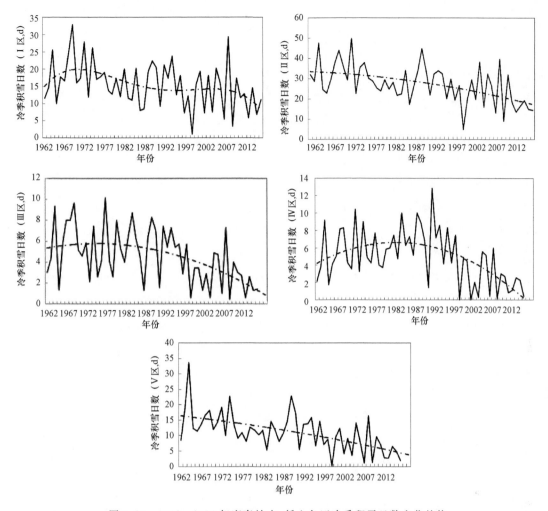

图 3.14 1962—2016 年度秦岭中、低山各区冷季积雪日数变化趋势

　　为了确定冷季积雪日数突变的年份,对各区的积雪日数进行 Mann-Kendall 突变检验
(图 3.15),发现 5 个区的冷季积雪日数在 20 世纪末到 21 世纪初之间发生了显著的突变现
象,积雪日数出现明显的减少。根据 UF 和 UB 的曲线交点位置,确定了 Ⅰ 区冷季积雪日数减
少是从 1997 年度开始的。Ⅱ 区和 Ⅴ 区冷季积雪日数减少的突变点也均出现在 1997 年度。
Ⅲ 区和 Ⅳ 区冷季积雪日数减少的突变出现得较晚,分别发生在 2002 年度和 2007 年度。

　　为了了解秦岭各区冷季积雪日数的变化周期,对其分别进行小波分析(图 3.16)。图中等
值线代表在不同时间尺度振荡的冷季积雪日数变化,实线表示冷季积雪日数偏多,虚线表示冷
季积雪日数偏少。秦岭北坡的 Ⅰ 区和 Ⅱ 区冷季积雪日数存在较为一致的周期变化,主要存在
20 a 左右的周期变化。从 20 a 周期尺度上来看,Ⅰ 区和 Ⅱ 区近十几年积雪日数处于偏少时
期。秦岭南坡的 Ⅲ 区、Ⅳ 区和 Ⅴ 区的周期变化不一致。主要存在 10～20 a 的周期变化,同时
也有较为明显的 5 a 左右的周期变化。Ⅲ 区在 20 世纪 80 年代末,90 年代及 21 世纪初主要表
现为 4 a 左右的周期变化,其他时段为 14 a 和 10 a 左右的周期变化。Ⅳ 区在整个时段都存在
4 a 左右的周期变化,同时在 21 世纪存在 16 a 左右的周期变化。Ⅴ 区主要表现为 20 a,16 a 和
4 a 左右的周期变化。

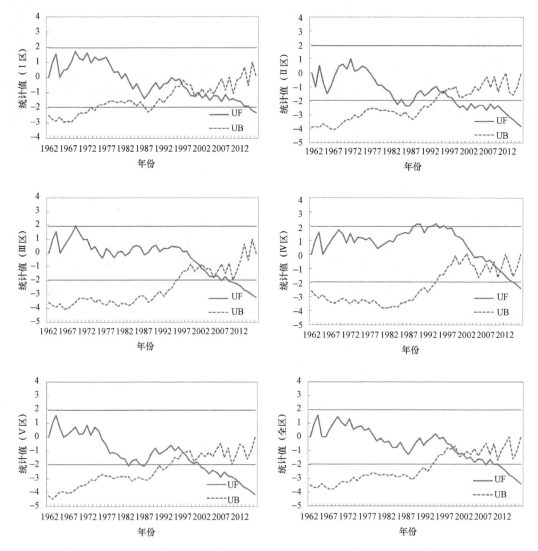

图 3.15　1962—2016 年度秦岭中、低山各区冷季积雪日数 M-K 统计量曲线

（直线为 $\alpha=0.05$ 显著性水平临界值）

3.3.2　秦岭中、低山积雪深度变化分析

1961—2016 年度,秦岭中、低山多年平均地面最大积雪深度为 5.28 cm,其中 1961—1969 年度平均最大积雪深度为 4.5 cm,是 56 个年度平均最大积雪深度的 0.85 倍;1970—1979 年度平均最大积雪深度为 3.98 cm,是多年平均值的 0.75 倍;1980—1989 年度平均最大积雪深度为 6.73 cm,是多年平均值的 1.27 倍;1990—1999 年度平均最大积雪深度为 6.01 cm,是多年平均值的 1.14 倍,2000—2009 年度平均最大积雪深度为 5.85 cm,是多年平均值的 1.11 倍,2010—2016 年度平均最大积雪深度为 4.2 cm,是多年平均值的 0.8 倍。20 世纪 80 年代和 90 年代地面最大积雪深度最深(图 3.17)。这里定义秦岭 32 个气象站各个气象站年度最大积雪深度平均值为秦岭该年度平均地面最大积雪深度。

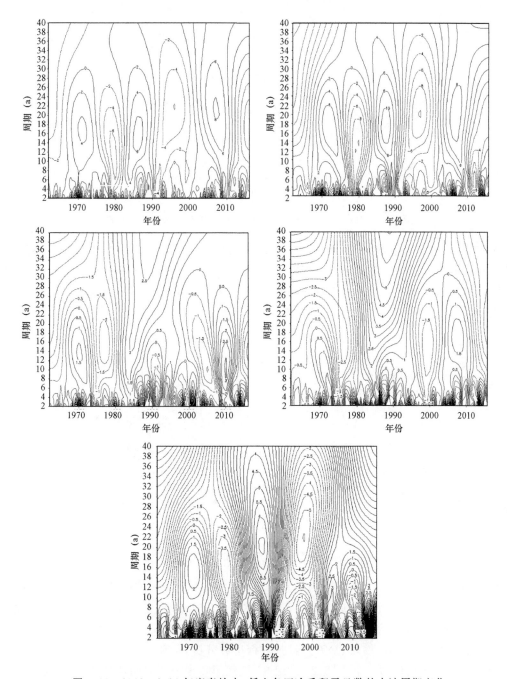

图 3.16　1962—2016 年度秦岭中、低山各区冷季积雪日数的小波周期变化

3.3.3　秦岭中、低山积雪初终日期变化分析

1961—2016 年度秦岭 32 个气象站地面积雪初日、终日和初终间日数分析结果表明,秦岭中、低山积雪初日逐渐推迟,推迟率为 4.0 d/10 a(与时间相关系数 $r=0.39$,下同),通过信度为 0.01 的检验;终日逐渐提前,提前率为 3.6 d/10 a($r=-0.32$),通过信度为 0.05 的检验;初终间日数呈现出明显的波动,整体呈减少的趋势,减少率为 7.6 d/10 a($r=-0.47$),通过信

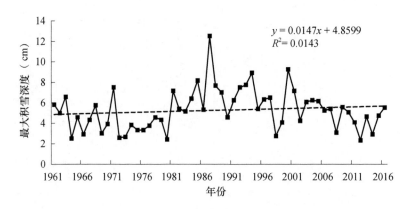

图 3.17　1961—2016 年度秦岭历年平均最大积雪深度变化图

度为 0.01 的检验。其中,初日最早出现在 2010 年 11 月 14 日,初日最晚出现在 1969 年 3 月 25 日(1968 年度);初终间日数最长出现在 2010 年度,初日和终日间隔日数为 113 d。初终间日数最少的为 2009 年度,初日和终日间隔为 12 d。这里初日、终日通过距离当年 1 月 1 日的日数来表示,负数代表 1 月 1 日之前的日期,正数代表 1 月 1 日之后(图 3.18)。

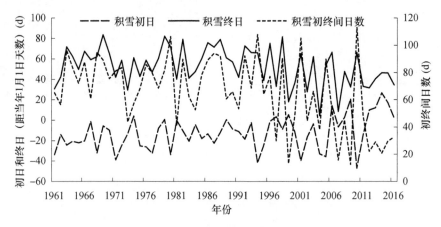

图 3.18　秦岭中、低山 1961—2016 年度地面积雪初日、终日、初终间日数变化图

　　利用 Mann-Kendall 统计检验,可以得出,秦岭中、低山地面积雪初日在 20 世纪末到 21 世纪初发生突变,积雪初日逐渐推后;20 世纪末积雪终日发生突变,通过滑动 t 检验,发现地面积雪终日在 1998 年度发生突变;地面积雪初终间日波动变化大,在 2003 年度前后发生突变。

　　对秦岭地面积雪初日、终日、初终间日数进行小波分析,发现地面积雪初日存在 28 a 的周期,20 世纪 60—90 年代为一个周期,20 世纪 90 年代至今为一个周期,在这两个周期中,以 5 a 为动态周期。地面积雪终日在 1998 年度前后发生较大的变化,1998 年度以前以 10 a 为周期变化,在 1998 年度以后,存在 2 a 周期变化。地面积雪初终间日数整体以 7 a 为周期,21 世纪以后,周期变短且变得较为不明显。

　　从上面分析可知,秦岭中、低山年平均积雪日数旬阳最少,华山最多,年积雪日数与海拔高度关系密切,秦岭年平均积雪日数随海拔高度递增率 2.9 d/100 m。秦岭年积雪深度≥5 cm 日数 0.1～39.1 d,勉县最少,华山最多。年积雪深度≥10 cm 日数秦岭大部分地区 0～2 d,华山达 15.9 d。年积雪深度≥20 cm 积雪日数华山 2.4 d,其他气象站几乎没有出现过积雪深度≥20 cm 的积雪。

　　秦岭中、低山年内积雪主要出现在 11 月至次年 5 月,其中 12 月、1 月、2 月、3 月、4 月积雪较为集中。1 月平均积雪日数 4.01 d,是全年积雪日数最多的月份,占全年积雪日数的 1/3;2 月积雪日数 3.04 d,占全年的 25.3％;12 月积雪日数有 2.11 d,占全年的 17.5％;冬季平均积雪日数占全年的 59.7％,冷季占全年的 96.9％。

　　秦岭中、低山冷季积雪日数表现为北坡比南坡多。冷季积雪日数最多为华山,其次是太白。冷季多年平均积雪日数的线性倾向率与海拔高度呈反比,海拔越高积雪日数减少得越多。根据秦岭中、低山冷季积雪日数的空间分布将秦岭划分为 5 个区。5 个区的冷季积雪日数均出现显著的减少趋势,并存在突变现象,突变年份依次为 1997 年度、1997 年度、2002 年度、2007 年度和 1997 年度。5 个区冷季积雪日数的周期变化主要集中在 10～20 a。秦岭南坡同时也显示了较为明显的 4 a 左右周期变化。

　　秦岭中、低山年最大积雪深度除南坡汉江沿岸的勉县、城固、汉阴、旬阳 6～9 cm 外,其余地方均在 10 cm 以上,秦岭中东部部分地区在 20 cm 以上,其中华山、山阳、丹凤大于或等于 30 cm,华山达到 35 cm,为秦岭年最大积雪深度的最大值。秦岭西部太白年最大积雪深度达到 20 cm,为秦岭年最大积雪深度的另一个高值区。秦岭年度累积积雪深度分布与积雪日数和最大积雪深度相似。

　　本章利用秦岭 32 个气象站地面积雪观测数据分析描述了秦岭中、低山的积雪分布和变化情况。这也是长期以来人们对秦岭积雪分布和变化的基本认识,是人们分析秦岭积雪分布和变化经常使用的资料和方法。但事实上,这不是秦岭积雪分布和变化的整体情况,因为其缺少了秦岭高山区的积雪分布和变化情况。而秦岭的稳定积雪和长时间积雪主要分布在高山区。后面第 4 章将在本章内容基础上进一步分析秦岭中、低山积雪变化的主要原因。第 5 章、第 6 章将利用秦岭 32 个气象站高山积雪观测记录和卫星遥感监测资料等,专门分析秦岭高山积雪分布和变化特点。

第4章 秦岭中、低山积雪变化成因分析

本章将利用线性趋势分析、Mann-Kendall 突变检验、小波分析、相关分析等统计方法分析秦岭中、低山气温、降水变化及其与积雪变化之间的关系,揭示秦岭中、低山积雪变化的主要原因。在分析秦岭中、低山积雪变化的成因之前,首先分析一下秦岭中、低山气温和降水随海拔高度的变化。

4.1 秦岭中、低山气温和降水随海拔高度的变化

4.1.1 秦岭中、低山气温随海拔高度的变化

秦岭 32 个气象站分布在 32°—35°N,106°—111°E 之间,海拔高度为 285.5～2064.9 m 的范围内,其中,北坡海拔高度为 341.5～2064.9 m,南坡海拔高度为 285.5～1032.1 m(见图 3.2(彩))。

1981—2010 年,秦岭 32 个气象站年平均气温为 6.5～16.6 ℃,华山气温最低 6.5 ℃,海拔最高为 2064.9 m,旬阳气温最高 16.6 ℃,海拔最低为 285.5 m。秦岭 32 个气象站年平均气温随海拔高度递减率为 0.5 ℃/100 m,其中北坡年平均气温随海拔高度递减率为 0.4 ℃/100 m,南坡年平均气温随海拔高度递减率为 0.6 ℃/100 m。

秦岭中、低山 1—12 月各月平均气温随海拔高度递减率为 0.4～0.6 ℃/100 m,12 月最小,为 0.4 ℃/100 m,6 月最大,为 0.6 ℃/100 m。其中北坡 1—12 月各月平均气温随海拔高度递减率为 0.3～0.6 ℃/100 m,12 月最小,为 0.3 ℃/100 m,6 月最大,为 0.6 ℃/100 m;南坡各月平均气温随海拔高度递减率为 0.5～0.7 ℃/100 m,12 月最小,为 0.5 ℃/100 m,6 月和 9 月最大,为 0.7 ℃/100 m;秦岭中、低山月平均气温和年平均气温随海拔高度递减率南坡大于北坡,夏季大于冬季。

4.1.2 秦岭中、低山降水随海拔高度的变化

秦岭雨季较长,降水较多,降水主要集中在夏季和秋初,占年降水量的 60% 左右。受地形影响,秦岭降水有明显的垂直变化与水平差异。一般而言,山地降水随海拔升高而增加,至某一高度达到最大后,再转为随海拔高度增高而减少。秦岭山地最大降水高度在夏季是南坡比北坡低,在冬季正好相反,是北坡比南坡低,故年最大降水高度南北相差不大。这是因为在山地一般都是向风面最大降水高度低,背风面最大降水高度高,而秦岭夏季盛行东南气流,南坡是向风坡,北坡为背风坡;冬季盛行南北气流,北坡为向风坡,南坡为背风坡的缘故。在海拔 2000 m 以下,夏季都是南坡比北坡降水多,冬季都是北坡比南坡多。因为秦岭山地降水主要

集中在夏季和初秋,故年降水量是南坡远比北坡多,在海拔 1000 m 以下可多 10～20 mm,1000～2000 m 高度可多 50～100 mm,在海拔 2000 m 以上仍然是南坡比北坡多。秦岭海拔 2000 m 左右的山区,一般在 10 月中旬即开始降雪,高山地区 8 月下旬即有降雪,至翌年 5 月结束,高山地区 6 月在寒冷的年份仍有积雪。秦岭年平均降雪日数随海拔高度的分布表明,在 2000 m 高度以下,南北两坡降雪日数都随着海拔升高而呈线性增加,且北坡比南坡多 8 d 左右。这主要因为降雪的秋季中后期,冬季和初春北坡为迎风坡,且气温较低。因受秦岭山地的影响,年平均降雪日数水平分布是秦岭北坡最多,有 12～16 d,商洛地区次之,为 10～15 d,南坡汉江河谷最少,只有 6～10 d。

　　降水随海拔高度变化呈 S 型的分布,是气温较低、相对高度又很大的山体所特有的现象。秦岭南坡最大降水高度呈西高东低趋势,海拔 1000 m 以上的山地是暴雨多发地区。秦岭南坡年降水量随高度变化总趋势是递增的,东段随高度增加率为 24 mm/100 m,西段增加率为 12 mm/100 m。除旬河与社川河降水随高度出现递减外,受大尺度气候背景及小尺度地理条件的影响,秦岭南坡各流域最大降水高度均在海拔 1000 mm 以上,褒水年最大降水高度在海拔 1950 m,次大降水高度在海拔 800 m 左右;乾佑河最大降水高度在 1750 m,次大降水高度在海拔 1070 m;丹江最大降水高度在 1300 m;旬河最大降水高度在海拔 720 m。最大降水高度由东向西递增的趋势比较明显。这与地形有关,秦岭山地西高东低,下半年东南季风向西吹向高处,使降水量自东而西递增,最大降水高度也是西高东低(何军等,1996;刘引鸽等,2008)。从山麓向上到最大降水高度这一段内,山地降水一般是随着海拔高度增加而增加然后又转为向上减少,且向风坡大于背风坡。根据长年平均的观测资料,秦岭南北两面夏季降水量随海拔高度的变化在最大降水高度以下,夏季在盛行风向(东南气流)向风面的秦岭南面,降水平均要比背风面的北面多 10 mm 以上,且向风面最大降水高度低,背风面最大降水高度高。在最大降水高度以下及其附近的高度,降水随高度的变化基本上都可以用抛物线形式来表示。利用降水实际观测资料,用抛物线反推确定秦岭夏季最大降水高度南坡为海拔 1350 m,北坡为海拔 1900 m。秦岭南坡的降水量远比北坡大,其最大差异出现在海拔 2000 m 高度附近。此外,在同一地方,由于坡向和风向不同,雨滴在坡面上降落的角度不同,坡面降水也不同。有研究认为,在背风面总是坡面降水小于水平面降水;在向风面,坡面降水可以比水平面降水大,也可以比水平面降水少,要看风速大小及斜坡的坡度等而定。但是在相同坡度下,向风面的坡面降水量总是大于背风面坡面的降水量,这在太白山的观测资料中也表现得非常明显(傅抱璞,1963;傅抱璞等,1982)。

　　秦岭 32 个气象站海拔高度基本上在最大降水高度附近及以下,1981—2010 年年平均降水量为 577.8～1054.4 mm,华阴最少 577.8 mm,海拔高度 351.3 m,紫阳最多 1054.4 mm,海拔高度 503.8 m。总体而言,秦岭中、低山年降水量随海拔高度递减率为 2.0 mm/100 m,其中北坡年降水量随海拔高度递减率为 0.9 mm/100 m,南坡年降水量随海拔高度递减率为 2.9 mm/100 m。秦岭中、低山 1—12 月各月降水量随海拔高度变化率为 -0.2～1.2 mm/100 m,10 月最小,为 -0.2 mm/100 m,8 月最大,为 1.2 mm/100 m,其中 4 月、6 月、10—11 月降水量随海拔高度减少,其余月份降水量随海拔高度增加。秦岭北坡 1—12 月各月降水量随海拔高度递减率为 0.1～2.9 mm/100 m,11 月最小,为 0.1 mm/100 m,7 月最大,为 2.9 mm/100 m;秦岭南坡各月降水量随海拔高度变化率为 -2.8～3.1 mm/100 m,6 月减小率最大,为 -2.8 mm/100 m,8 月最大,为 3.1 mm/100 m,其中,2—6 月、10—12 月降水量随海拔高度减少,1 月、7—9 月降水量随海拔高度增加。

4.2　秦岭中、低山积雪变化与气温和降水的关系

　　本节首先从秦岭 32 个气象站年度和冷季地面积雪变化及其与气温、降水变化的关系，分析秦岭中、低山积雪变化的主要原因；后面第 5 章和第 6 章分别分析秦岭高山积雪变化及其变化的主要原因；第 7 章对秦岭太白山、华山两个典型区域积雪变化及其原因进行详细分析。

4.2.1　秦岭中、低山积雪变化与气候变化的关系

　　(1)秦岭中、低山年度平均气温和降水量变化特征

　　秦岭 1961—2016 年度 32 个气象站平均气温为 13.2 ℃，56 a 来气温逐渐增高，平均以 0.2 ℃/10 a 的速度升温，通过了 $\alpha=0.01$ 的相关性检验。1961—1969 年度平均气温12.9 ℃，1970—1979 年度平均气温 13.0 ℃，1980—1989 年度平均气温 12.7 ℃，1990—1999 年度平均气温 13.3 ℃，2000—2009 年度平均气温 13.6 ℃，2010—2016 年度平均气温 13.8 ℃。对秦岭 56 a 平均气温做 Mann-Kendall 检验，发现秦岭年度平均气温突变时间与秦岭中、低山积雪日数突变时间基本一致。

　　1961—2014 年，陕西陕北、关中、陕南和全省年平均气温均呈现增高趋势，全省年平均气温在 1994 年发生突变，其中陕北 1990 年，关中 1994 年，陕南 1997 年发生突变。全省及陕北、关中、陕南≥0 ℃积温和≥10 ℃积温均呈显著增加趋势，且增加趋势在区域上的分布均呈现关中＞陕南＞陕北的分布特征。≥0 ℃积温的变化在各区域均存在显著突变，突变时间接近，均发生在 1997 年前后。≥10 ℃积温的变化在各区域上也均存在显著突变，但突变发生时间存在差异，陕北区域在 1997 年发生突变，全省及关中在 2004 年发生突变，陕南区域在 2005 年发生突变，陕北≥10 ℃积温的突变要早于全省、关中及陕南区域。陕西全省及陕北、关中、陕南年降水量均呈减少趋势，但减少趋势不显著。陕南降水量在 1985 年发生显著突变，陕北及关中区域年降水量无突变现象发生，陕西年降水量也无突变发生(高茂盛等，2017)。

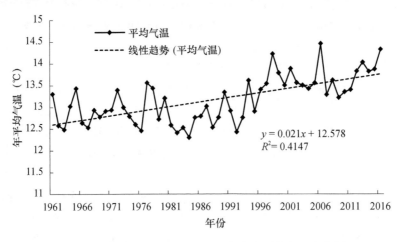

图 4.1　秦岭中、低山 1961—2016 年度年平均气温变化图

从秦岭中、低山 1961—2016 年度平均气温分布图,可以看出东部和西部气温较低,中部气温较高,北坡中部是气温高值区,尤其是鄠邑气象站,这与该地区海拔较低有关,南坡的南部气温较高,主要是因为纬度较低,海拔高度也较低(图 4.2(彩))。

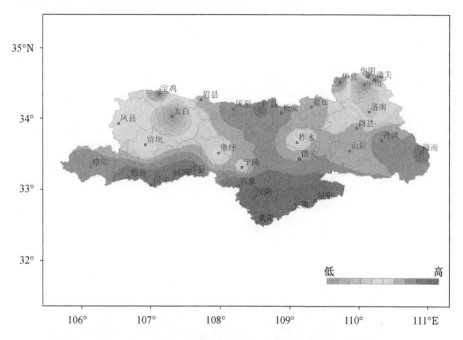

图 4.2　秦岭中、低山 1961—2016 年度 32 个气象站年平均气温分布图(另见彩图 4.2)

秦岭 32 个气象站 1961—2016 年度多年平均降水量为 756.3 mm,56 a 来平均以 8.8 mm/10 a 的速度减少,呈现不明显的减少趋势,仅通过 $\alpha=0.5$ 的显著性检验。1961—1969 年度平均降水量 788.9 mm,1970—1979 年度平均降水量 727.3 mm,1980—1989 年度平均降水量 837.7 mm,1990—1999 年度平均降水量 671 mm,2000—2009 年度平均降水量 730.2 mm,2010—2016 年度平均降水量 781.5 mm。秦岭年降水量 Mann-Kendall 检验结果显示 56 a 来没有发生突变(图 4.3)。

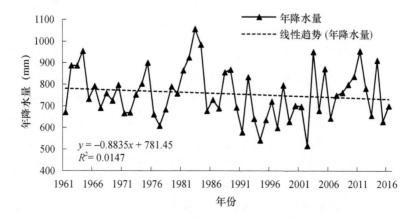

图 4.3　秦岭中、低山 1961—2016 年度年平均降水量变化图

秦岭中、低山 1961—2016 年度年降水量小波分析结果表明,5 a 的周期一直存在,20 世纪 70 年代后存在 25 a 周期,进入 21 世纪后,周期变短(图 4.4a)。从秦岭中、低山 1961—2016 年

度降水量分布图可以看出,降水量由南向北递减,南坡西部降水量由西南向东北递减,东部降水量由东南向西北递减(图4.4b)。

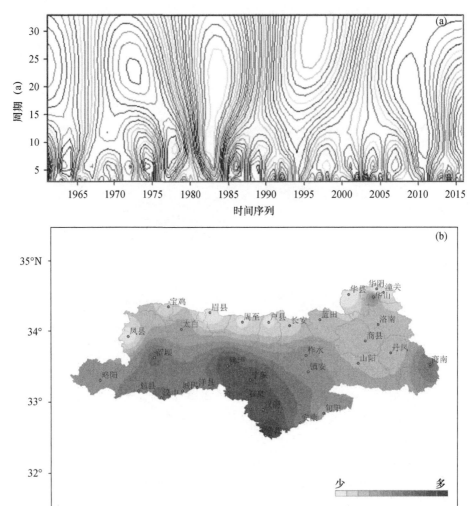

图 4.4　秦岭 32 个气象站 1961—2016 年度年平均降水量小波分析(a)与空间分布(b)(另见彩图 4.4)

(2)秦岭中、低山积雪变化与气温、降水变化的关系

从秦岭 32 个气象站年度和不同季节平均地面积雪日数、积雪初日、积雪终日、积雪初终间日数与同期平均气温、降水量相关系数(表 4.1)可以看出,秦岭中、低山积雪日数与平均气温相关性强,存在明显的负相关关系,与降水量相关性比较小。1961—2016 年度,秦岭年度平均气温、秋季平均气温、冬季平均气温、春季平均气温与相应时段的地面积雪日数都有非常高的相关性,通过了 $\alpha=0.01$ 的显著性检验;积雪初日多发生在 12 月,积雪初日与冬季平均气温相关紧密,通过了 $\alpha=0.05$ 的显著性检验;积雪终日多发生在冬季以后,春季气温的高低对积雪终日影响大,年度平均气温对积雪终日也有一定的影响;积雪初终间日数与年度平均气温相关性强,积雪初终间日数的长短主要受积雪开始和结束日期的影响,与秋季气温的相关性通过了 $\alpha=0.2$ 的显著性检验,但未通过 $\alpha=0.1$ 的显著性检验,春季气温对积雪初终间日数有一定的

影响。秦岭积雪日数最多的是冬季,冬季气温较低,降水易形成积雪,因此积雪日数与冬季降水量存在明显的正相关,降水量的多少影响到积雪日数的多少。积雪终日与春季降水量也存在正相关,降水(雪)量的增多影响积雪结束的日期。从上述结果可以知道,秦岭中、低山积雪日数减少,初日推后、终日提前,主要是受到了气温升高的影响。

表 4.1　1961—2016 年度秦岭中、低山积雪日数与平均气温、降水量相关系数

积雪参数	平均气温				降水量			
	年度	秋季	冬季	春季	年	秋季	冬季	春季
积雪日数	−0.67***	−0.49***	−0.71***	−0.41***	−0.07	−0.04	0.3**	0.01
积雪初日	0.23*	0.13	0.32**	0.18	0.1	−0.01	−0.17	0.19
积雪终日	−0.27**	−0.1	0.04	−0.42***	0.14	−0.05	0.05	0.23*
初终间日数	−0.34***	−0.16	−0.17	−0.41***	0.04	−0.03	0.14	0.04

注:表中 * 表示通过 $\alpha=0.1$ 的显著性检验,** 表示通过 $\alpha=0.05$ 的显著性检验,*** 表示通过 $\alpha=0.01$ 的显著性检验。

计算气象站地面积雪多积雪年、少积雪年积雪日数、平均气温、降水量相对于对 1961—2016 年 56 a 平均值的距平并进行合成,发现少积雪年大多数地区年度平均气温高于 56 a 平均值,多积雪年大多数地区年度平均气温低于 56 a 平均值。年度平均气温低且降水量多的地区,积雪日数较 56 a 平均值偏多,降水量对部分气象站积雪日数有一定影响(图略)。

4.2.2　冷季积雪日数变化与气候变化的关系

影响积雪消融的直接因素是气温变化,冷季降水量及降雪日数也会直接影响积雪日数的多少和积雪的深浅。为了了解冷季秦岭中、低山积雪变化的直接原因,下面分析秦岭及其各区冷季降雪日数与平均气温,降水量和最大积雪深度的相关性。从表 4.2 可以看出,除Ⅳ区冷季积雪日数与降水量相关系数没有通过 $\alpha=0.05$ 的信度水平,Ⅰ区和Ⅲ区冷季积雪日数与降水量相关系数通过 $\alpha=0.05$ 的信度水平而没有通过 $\alpha=0.01$ 信度水平外,其余均通过了 $\alpha=0.01$ 的信度水平。在冷季平均气温、降水量、最大积雪深度和降雪日数这 4 个气象要素中,与冷季积雪日数相关性最好的是降雪日数,5 个区域相关系数均在 0.8 以上。说明冷季降雪日数越多,积雪日数也就越多。其次是冷季平均气温,与积雪日数为负相关,各区相关系数均在 −0.7~−0.6。相关性最差的是降水量,其中Ⅱ区的冷季降水量与积雪日数相关最好,达到了 0.45。这可能是与海拔关系较为密切,海拔相对高的地区,温度也相对较低,冷季降水量中降雪量占的比重相对较大,降雪更容易形成积雪。

表 4.2　秦岭中、低山 1961—2016 年度冷季积雪日数与降水量、平均气温、降雪日数、积雪深度的相关系数

	Ⅰ	Ⅱ	Ⅲ	Ⅳ	Ⅴ	全区
降雪日数	0.8***	0.85***	0.87***	0.82***	0.88***	0.89***
最大积雪深度	0.82***	0.51***	0.72***	0.86***	0.79***	0.79***
平均气温	−0.62***	−0.70***	−0.70***	−0.68***	−0.69***	−0.70***
降水量	0.30**	0.45***	0.30**	0.12	0.36***	0.38***

说明:表中 ** 表示通过 $\alpha=0.05$ 信度水平,*** 表示通过 $\alpha=0.01$ 信度水平。

根据 3.3 节秦岭中、低山冷季积雪日数减少的突变年份,计算冷季降水和平均气温在突变年

份前后的差异(表4.3)。冷季平均气温除了Ⅰ区突变年份前后差2.3 ℃外,其余4个区冷季平均气温在突变年份前后相差0.8~1 ℃,且均通过了 $\alpha=0.01$ 的信度水平。冷季降水量在突变年份前后也有显著的变化,减少量在14~30 mm。其中Ⅰ区、Ⅱ区和Ⅴ区降水量在冷季积雪日数减少的突变年份前后,有显著的差异,通过了 $\alpha=0.05$ 的信度水平。Ⅲ区和Ⅳ区的降水量在冷季积雪日数减少的突变年份前后虽然也有变化,但是没有通过 $\alpha=0.05$ 的信度水平。

表4.3　秦岭中、低山冷季平均气温、降水量在冷季积雪日数突变年份前后平均值

	Ⅰ		Ⅱ		Ⅲ		Ⅳ		Ⅴ	
平均气温(℃)	3.4***	5.7***	3.5***	4.6***	6.4***	7.4***	7.3***	8.1***	5.7***	6.7***
降水量(mm)	130**	105**	142.4**	114.1**	128.3	114.9	153.7	139.3	150.5**	121.2**

说明:表中 ** 表示通过 $\alpha=0.05$ 信度水平,*** 表示通过 $\alpha=0.01$ 信度水平。

冷季积雪日数减少的突变年份前后,冷季平均气温和Ⅰ区、Ⅱ区和Ⅴ区冷季降水量确实存在显著差异,那么它们发生突变事件的时间是否是一致的呢?为此,对5个区的冷季降水量,平均气温分别做M-K检验。通过M-K检验发现5个区的冷季降水均出现显著减少的趋势,20世纪80年代开始这种减少趋势超过了显著性水平0.05的临界线,5个区的冷季平均气温则为显著增温的趋势。具体突变年份见表4.4。秦岭5个区及全区冷季降水量减少的突变年份均在20世纪70年代,而冷季平均气温增温的突变年份则均在20世纪90年代。冷季降水量减少和冷季平均气温增温的突变年份均在冷季积雪日数减少之前。5个区基本上呈现出冷季平均气温增温趋势出现得早,其对应的冷季积雪日数减少趋势也出现得较早,反之亦然。冷季平均气温的突变年份比冷季积雪日数的年份超前:Ⅰ区超前5 a,Ⅱ区超前3 a,Ⅲ区超前4 a,Ⅳ区超前4 a,Ⅴ区超前7 a,全区超前4 a。说明积雪日数对气温变化的响应有一定的滞后期。

表4.4　秦岭中、低山各区冷季降水量、平均气温、积雪日数突变年份

气象要素	Ⅰ	Ⅱ	Ⅲ	Ⅳ	Ⅴ	全区
平均气温	1992	1994	1998	1998	1990	1995
降水量	1977	1977	1977	1970	1974	1974
冷季积雪日数	1997	1997	2002	2002	1997	1999

4.2.3　冬季积雪日数变化特征及其与气候变化的关系

一般来说,当地面温度达到0 ℃左右,雨水在下降过程中凝结成雪,同时降水量的变化也会直接造成降雪量的变化。在积雪的形成中,气温和降水这两个气候变量是不可或缺的。

从图4.5可以看出,1961—2016年冬季秦岭中、低山平均气温与时间的线性方程为

$$y=0.0274x+1.1117$$

秦岭冬季平均气温整体呈现升高趋势,平均以0.27 ℃/10 a的速率升高,与时间的相关系数通过信度为0.01的检验。1961—2016年冬季秦岭中、低山平均积雪日数与平均气温呈显著的负相关关系,积雪日数与气温的相关系数 $r=-0.564$,通过信度为0.01的相关性检验,表明秦岭冬季平均气温升高、积雪日数减少,气温升高是积雪减少的主要原因。秦岭冬季平均气温在0~2 ℃,处于降雨或降雪的临界值,当气温偏低时积雪不容易消融,气温升高积雪就会融化,因此,气温变化会对积雪影响显著,冬季平均气温是影响冬季积雪日数的关键因子。

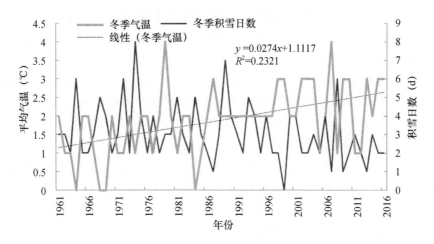

图 4.5　1961—2016 年度秦岭中、低山冬季积雪日数和平均气温变化图

　　由图 4.6 可知,1961—2016 年冬季秦岭中、低山降水量与时间的线性方程为

$$y=-0.049x+26.743$$

其中,倾向率为−0.49 mm/10 a,秦岭中、低山冬季降水量呈现减少趋势。冬季积雪日数变化与降水量变化相关性显著,相关系数为 $r=0.578$,通过信度为 0.01 的相关性检验,表明积雪日数随降水量的减少而减少,降水减少是积雪减少的重要因素。1989 年冬季秦岭降水量异常偏多,为 1961—2016 年度冬季降水最多的一年,其积雪日数为 1961—2016 年度冬季第二多年,冬季降水异常偏多导致积雪日数异常偏多。1975 年冬季积雪日数为 1961 年以来最多的一个冬季,该年冬季降水亦偏多。

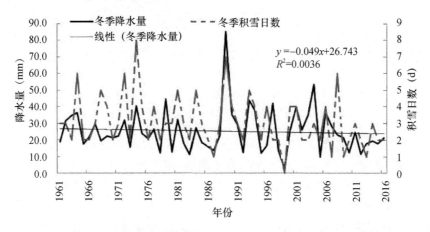

图 4.6　1961—2016 年度秦岭中、低山冬季积雪日数和降水量变化图

4.3　秦岭多积雪年和少积雪年海温和大气环流特点

　　根据秦岭中、低山 1980—2016 年冷季积雪日数变化曲线,选取冷季积雪日数最多和最少的前 5 a,分别对海温和环流场进行合成分析。图 4.7 是冷季积雪日数偏多年(1988 年度、2007 年度、1991 年度、1993 年度、1989 年度)与冷季积雪日数偏少年(1998 年度、2008 年度、

2006年度、2012年度、2003年度)合成的SST(海面温度)场,500 hPa合成高度距平场,以及850 hPa风场距平图。由图4.7a、b可知,在冷季积雪日数偏多年,北太平洋地区和赤道太平洋地区海面温度(简称"海温")均呈现出负距平。在冷季积雪日数异常偏少年,负距平海温的范围明显缩小,在黑潮区,西风漂流区海温表现出正距平。这说明,赤道东太平洋为冷位相时,秦岭中、低山更易出现积雪日数偏多。在发生拉尼娜事件时,东亚经向环流异常,北方地区盛行偏北气流,冷季秦岭中、低山气温偏低,不利于积雪消融,导致积雪日数偏多。

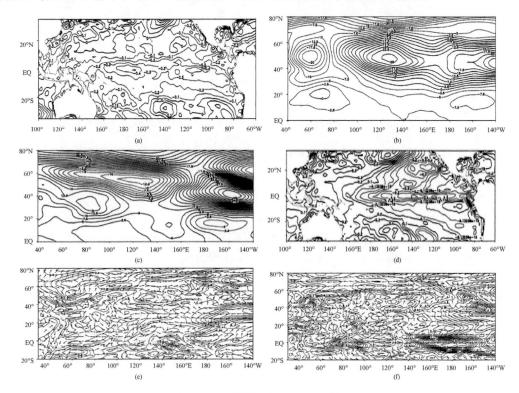

图4.7　秦岭中、低山冷季积雪日数偏多年(a、c、e)和偏少年(b、d、f)海面温度、
500 hPa高度场、850 hPa风场分布

冷季积雪日数偏多年(图4.7c、e),我国东北地区及贝加尔湖一带为正距平,中高纬呈现"－＋"的分布型,说明高压脊和东亚大槽均有所减弱,东亚冬季风减弱情况不利于冷空气向南移动,且秦岭以偏东北气流和偏南气流为主,有利于西北太平洋及孟加拉湾的水汽输送到秦岭,均利于在秦岭形成雨雪天气。

冷季积雪日数偏少年(图4.7d、f),在我国东北地区北部及贝加尔湖一带为负距平,中高纬呈现"＋－＋"的分布,说明高压脊和东亚大槽均有所增强,东亚冬季风的加强有利于冷空气向南移动,且秦岭处于西北气流,不利于水汽输送,进而不利于冷季出现雨雪天气。

至此,已用两章的篇幅描述了秦岭中、低山积雪分布和变化的基本特点以及这种分布和变化与气温、降水的关系。如前所述,一般情况下人们认为这就是秦岭积雪分布和变化的基本情况。但严格地讲,这两章的研究没有包含秦岭高山,给出的还不是秦岭积雪分布和变化的全貌。从第5章开始,我们开始利用秦岭32个气象站高山积雪记录和卫星遥感资料分析秦岭高山积雪分布和变化。这也可以看作本书的一个亮点。

第5章 秦岭高山积雪分布变化与实地科学考察

全球变暖是人类正在面临的一个重要问题,积雪在一定程度上可以对全球气候变暖做出敏感的响应。新疆地区和青藏高原等作为我国主要的高山积雪分布区,已经有了大量的研究成果(胡列群等,2013)。秦岭作为中国重要的气候分界线,积雪长期变化对区域小气候有重要的影响,也对区域气候变化有直接反映。而目前在秦岭积雪方面的研究很少见,高山区积雪的研究更少。本章利用秦岭32个气象站1980—2016年高山积雪观测记录和部分卫星遥感监测资料,分析秦岭高山积雪分布和变化特点,研究秦岭区域性高山积雪事件和稳定积雪事件变化,为后续相关研究提供支持。

2016年本书第一作者在分析秦岭主峰太白山积雪变化时,首次使用了太白和眉县2个气象站高山积雪观测记录,高山积雪观测记录分析结果与此前的科学考察结果相吻合,与走访和了解到的实际情况相吻合,证实了气象站高山积雪观测记录的真实可用性(详见第7章7.1节)。在将这种做法推广到整个秦岭,统计分析秦岭32个气象站1980—2016年高山积雪观测记录之前,首先对这些记录的真实可用性再次进行验证和考察。

5.1 秦岭高山积雪加密观测与实地科学考察

为了了解和验证气象站高山积雪观测记录的真实可用性,深入了解秦岭天气气候特点和积雪分布,项目组依托中国气象局秦岭气溶胶与云微物理野外科学试验基地,第一著者结合商洛市"中国气候康养之都"评估报告编写等工作,于2018年3月对秦岭部分气象站地面积雪和高山积雪观测环境进行了实地考察;2017年12月—2018年4月在秦岭主峰太白山开展了高山积雪加密观测,验证眉县气象站高山积雪观测记录的真实可用性;2018年6月对秦岭主峰太白山是否存在积雪进行了实地考察,并将考察结果与近几年新建的高山自动气象站监测数据进行对照和分析;2018年8月对鳌山高山区是否存在高山积雪进行了实地考察;考察人员看到了秦岭主峰太白山高山区6月积雪和积冰,亲身感受了太白山高山区天气的寒冷和多变,高山气象监测数据支持了考察结果,进一步验证了气象站高山积雪观测记录的真实可用性和珍贵性,为进行秦岭高山积雪分布和变化研究提供了数据支撑。

5.1.1 秦岭气象站高山积雪观测环境实地科学考察

2018年3月21—22日,项目组对山阳、商南、丹凤等气象站地面积雪和高山积雪观测环境进行实地科学考察。此前,著者结合其他工作,对太白、汉阴、石泉、佛坪、宁陕等气象站观测环境进行过考察。通过考察,对气象站本站积雪、气温、降水等观测条件和观测场周围环境,特别是山体走向、高山积雪观测方位等有了比较全面的了解(图5.1(彩))。

图 5.1　商洛市山阳气象站观测场周围的山(山阳气象局供图)(另见彩图 5.1)

5.1.2　秦岭主峰太白山高山积雪加密观测

　　项目组委托眉县气象局在秦岭主峰太白山天下索道下站红桦坪(海拔 2300 m)和佛云阁索道下站下板寺(海拔 2800 m)两个地方设立观测点,进行积雪加密观测。太白山高山积雪加密观测点观测要素和内容主要有:日期(年-月-日),观测点是否降雪(降雪记 1,否则不做记录),观测点是否有积雪(有积雪记 1,否则不记录),观测点雪深(单位:cm),远处高山是否有积雪(有积雪记 1,否则不记录),高山积雪简要描述——山名、可见面积、雪线高度等(图 5.2)。

图 5.2　太白山红桦坪积雪加密观测点观测簿扫描图

　　由表 5.1 可以知道,2017 年 12 月 29 日至 2018 年 4 月 17 日红桦坪积雪观测点观测天数 37 d,共观测到降雪 17 d,地面积雪 27 d,最大积雪深度 25 cm(出现在 2018 年 1 月 28 日、29 日和 2 月 2 日),高山积雪 37 d;而眉县气象站(新站址海拔高度 490.8 m)观测报表记录显示眉县气象站在这 37 d 里观测到降雪 11 d,地面积雪 16 d,最大积雪深度 9 cm(出现在 2018 年 1 月 28 日),没有记录高山积雪。

　　2018 年 4 月 5—25 日下板寺观测点观测天数 5 d,共观测到降雪 4 d,地面积雪 5 d,最大积雪深度 24 cm(出现在 2018 年 4 月 5 日),高山积雪 5 d;在这 5 d 里,眉县气象站没有观测到降雪、地面积雪和高山积雪。其中,2018 年 4 月 14 日上述两个观测点都进行了观测,该日两个观测点都观测到了降雪、地面积雪和高山积雪。红桦坪观测点海拔高度 2300 m,该日地面积雪深度 10 cm,下板寺观测点海拔高度 2800 m,该日地面积雪深度 20 cm。

　　综上所述可知,积雪加密观测点海拔高度较高,观测到的降雪日数、积雪日数、积雪深度、高山积雪日数均大于眉县气象站观测到的降雪日数、积雪日数、积雪深度和高山积雪日数。海拔高度越高积雪深度越深,积雪持续时间越长。秦岭太白山山区地形复杂,气象站受观测方位、角度等要素影响,高山上有积雪时气象站可能观测不到,气象站观测到高山积雪时,高山上肯定有积雪。红桦坪和下板寺积雪加密观测点和眉县气象站积雪观测记录对比分析结果说明了这一点,说明了气象站高山积雪记录的真实可用和重要价值。

表 5.1　秦岭太白山红桦坪和下板寺高山积雪加密观测资料

日期	降雪日数 (d)	地面积雪日数(d)	积雪深度 (cm)	高山积雪日数(d)	高山积雪简要描述	降雪日数 (d)	地面积雪日数(d)	积雪深度 (cm)
		红桦坪					眉县	
20171229				1	天圆地方处积雪面积少			
20171230				1	天圆地方处积雪面积少			
20171231				1	天圆地方处积雪面积少			
20180101				1	天圆地方处积雪面积少			
20180102				1	天圆地方处积雪面积少	1		
20180103	1	1	15	1	天圆地方以下均见积雪,厚度较深	1	1	1
20180104		1	10	1	天圆地方以下均见积雪,厚度较深	1	1	8
20180105		1	10	1	天圆地方以下均见积雪,厚度较深	1	1	8
20180106	1	1	14	1	天圆地方以下均见积雪,厚度较深	1	1	6
20180107	1	1	16	1	天圆地方以下均见积雪,厚度较深	1	1	5
20180108	1	1	15	1	天圆地方以下均见积雪,厚度较深		1	4
20180121				1	天圆地方处,积雪面积少		1	3
20180122				1	天圆地方处,积雪面积少		1	
20180123				1	天圆地方处,积雪面积少		1	
20180124	1	1	5		天圆地方以下均见积雪			
20180125	1	1	10	1	天圆地方以下均见积雪,较厚			
20180126		1	10	1	天圆地方以下均见积雪,较厚			
20180127	1	1	20	1	天圆地方以下均见积雪,很厚	1	1	1
20180128	1	1	25	1	天圆地方以下均见积雪,很厚	1	1	9
20180129		1	25	1	天圆地方以下均见积雪,很厚		1	4
20180202		1	25	1	天圆地方以下均见积雪,较深	1	1	6
20180204		1	23	1	天圆地方以下均见积雪,较深	1	1	3
20180210		1	10	1	天圆地方以下,部分区域有积雪		1	1
20180217	1	1	12	1	天圆地方以下均有积雪		1	1
20180220	1	1	7	1	天圆地方以下,大部分区域有积雪			
20180226		1	10	1	天圆地方以下,部分区域有积雪			

续表

日期	降雪日数 (d)	地面积雪 日数(d)	积雪深度 (cm)	高山积雪 日数(d)	高山积雪简要描述	降雪日数 (d)	地面积雪 日数(d)	积雪深度 (cm)
			红桦坪				眉县	
20180306	1	1	15	1	天圆地方以下均有积雪			
20180307		1	10	1	天圆地方以下,部分区域有积雪			
20180314		1	4	1	天圆地方以下部分区域有积雪,较少			
20180317	1	1	8	1	天圆地方以下,大部分区域有积雪			
20180318	1	1	12	1	天圆地方以下均有积雪			
20180323		1	3	1	天圆地方以下,有少许地方有积雪			
20180330	1			1	天圆地方以下,有小面积积雪			
20180404	1	1	15	1	天圆地方以下均有积雪			
20180412	1	1	17	1	天圆地方以下均有积雪			
20180414	1	1	10	1	天圆地方以下,大部分区域有积雪			
20180417				1	天圆地方以下,有小面积积雪			
			下板寺				眉县	
20180405	1	1	24	1	/			
20180406		1	4	1	/			
20180413	1	1	8	1	/			
20180414	1	1	20	1	/			
20180425	1	1	4	1	/			

说明:/为缺记录。太白山天圆地方海拔高度 3511 m,为天下索道上站所在地,当地人称"3511"。

5.1.3　秦岭主峰太白山6月高山积雪考察

太白山是秦岭主峰,最高峰拔仙台海拔高度 3771.2 m,气温垂直差异明显,高山区异常寒冷,自古就有"太白积雪六月天"之说。积雪是气候变化的显著因子和敏感指示器,是气候变化研究的热点和关键变量。"应对气候变化·记录中国——走进陕西"媒体联合科学考察与公众科普活动关注太白山积雪的变化,笔者陪同考察团在 2015 年 6 月 3 日对太白山进行了实际考察,但终因天圆地方、小文公庙等高山区持续降雨,能见度太低未能观察到远处高山上是否有积雪。2015 年 6 月 4 日,中国天气网深度报道《气候变暖给太白山带来了什么》采用了笔者提供的太白气象站(中山区)1962—2014 年年积雪日数和年最大积雪深度变化趋势和平均变化速率,被媒体广泛转载,引起社会关注。此后,中央电视台中文国际频道(CCTV-4)新闻《专家学者为"一带一路"绿色发展献策》中采用了太白气象站积雪变化研究的相关结论。

描述太白山积雪的历史文献较多,但缺少观测资料和监测数据。眉县和太白气象站高山积雪观测记录分析结果表明,6 月太白山高山有积雪,且多出现在 1—5 日。1980—2017 年,眉县气象站观测到 6 月太白山高山积雪共 86 d,其中 25 d 出现在 1—5 日;太白气象站观测到太白山高山积雪共 8 d,其中 6 d 出现在 1—5 日。为了深入了解太白山 6 月高山积雪和天气气候条件,由雷向杰、田亮、周旗、王毅勇、袁潇、高原共 6 人组成考察组于 2018 年 6 月 2—3 日对太白山高山区积雪和天气条件进行了实地考察。考察组在太白山观察到了高山积雪、冻土、水面结冰等现象,验证了太白山 6 月存在高山积雪的事实,并通过分析考察线路沿线 5 个气象站2—3 日的气象监测数据,进一步证明太白山高山区 6 月具备形成积雪的条件。

(1)考察路线和考察结果

考察路线:2018 年 6 月 2 日,眉县县城(眉县气象站)—景区入口(眉县汤峪镇)—红桦坪索道站—天圆地方—小文公庙—大文公庙—大爷海—拔仙台,夜宿大爷海;3 日,从大爷海按照 2 日考察路线原路返回(见图 5.3)。

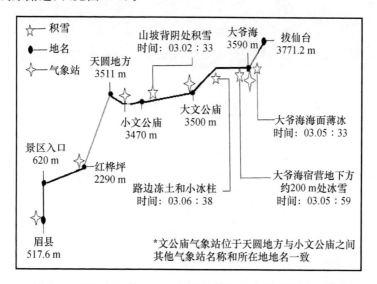

图 5.3　2018 年 6 月 2—3 日秦岭主峰太白山考察路线示意图

考察过程:2018 年 6 月 2 日 08:30 眉县气象局考察气象站观测环境,了解太白山天气情况;10:00 乘车经汤峪镇进入太白山,直达红桦坪索道站(海拔高度 2280 m,下同);11:30 乘缆车到达天圆地方(3511 m),开始高山区考察。11:59 从天圆地方向小文公庙行进,12:53 至小文公庙(3480 m),考察文公庙自动气象站(图 5.4a);14:45 至大文公庙(3568 m),考察大文公庙自动气象站;17:19 至大爷海(3590 m),考察大爷海自动气象站(图 5.4b);18:15 开始登拔仙台,经二爷海、三爷海,19:28 登上拔仙台(3771.2 m),19:32 从拔仙台返回,20:06 回到大爷海,夜宿大爷海。整个考察期间考察人员所到之处天气条件良好,能见度高,沿途地形地貌、植被清晰可见,考察组获取大量图片资料。6 月 3 日清晨天气晴好,再次考察大爷海后于 05:45离开,沿 2 日来时路线原路返回。08:23 前行方向山脊北侧出现乌云,09:25 至小文公庙,乌云已至眼前,09:46 乌云笼罩山脊;10:06 大风突起,云雾中带有浓浓的湿气和寒意,偶尔有水珠落在脸上。11:30 从天圆地方乘索道下山,乘车于 12:50 回到眉县县城,县城多云天气,天气炎热。6 月 4 日 10:18 考察眉县气象站旧址,10:32 至渭河北岸县城至常兴高速入口以西河堤,从河堤远距离观察太白山北坡,10:37 经高速公路返回。

考察结果一:拔仙台附近山坡背阴处有冰雪

2018 年 6 月 2 日 13:33 在小文公庙至大文公庙途中发现前进方向左侧山峰阴坡有积雪,积雪位于拔仙台附近山体阴坡处。目测积雪所处海拔高度在 3300～3500 m,呈条斑状零散分布,类似小型冰川形状,处于阴坡山沟中(图 5.5a(彩))。此后前行途中,曾多次看到这处积雪。

(a)　　　　　　　　　　　　　　(b)

图 5.4　秦岭主峰太白山高山气象站(另见彩图 5.4)

(a)大爷海;(b)文公庙

考察结果二:清晨大爷海靠近山体一侧水面结冰

2018 年 6 月 3 日清晨 05:33,在大爷海发现部分水面结有薄冰。结冰水面位于靠近山坡一侧(大爷海南侧)偏西离岸较近的地方,风小水浅且有石头露出水面,冰面以露出水面的石头为中心,呈辐射状向四周展开,露出水面石头较多的地方,冰面连在一起。冰面很薄,目测 2 mm 左右(图 5.5b(彩))。远离岸边水较深的地方微风吹拂水面,水面没有结冰。

考察结果三:大爷海住宿地下方山坡有积雪

2018 年 6 月 3 日 05:59,发现大爷海住宿地(简易房屋)下方不远处山体阴坡,有两小块条斑状分布的冰雪,面积比前面一处小,且冰雪难辨,此处记为积雪(图 5.5c(彩))。至此,共发现两处山体阴坡有积雪。

考察结果四:大爷海至大文公庙路边有冻土和小冰柱

2018 年 6 月 3 日 06:38,从大爷海返回大文公庙途中,发现路边几处在阳光下正在消融的泥土和小冰柱。观察发现,这些地方路边都有水从山体慢慢渗出,形成泥土和很小的水潭。高山气温低、昼夜温差大、泥水日消夜冻,清晨太阳照射后,冻结的泥土和冰开始消融,可能因为受热不均匀,消融的泥土中有一些小冰柱(图 5.5d(彩))。

考察结果五:高山区天气寒冷多变

3 日上午天气晴好,临近中午乌云密布,大风突起,空气中夹杂的水珠直落脸上。而山下汤峪镇和县城,2—3 日晴间多云天气,气温较高。眉县气象站 2 日平均气温 22.8 ℃,最高气温 30.1 ℃,最低气温 15.5 ℃;3 日平均气温 21.1 ℃,最高气温 26.5 ℃,最低气温 16.2 ℃,2 日和 3 日均无降水。

6 月 2—3 日的实际考察先后发现两处积雪和大爷海水面薄冰,路边冻土和小冰柱,存在积雪和薄冰、冻土和小冰柱的地方海拔高度都在 3300 m 以上,说明太白山高山区 6 月天气寒冷。考察期间每个人都租借或者自带了羽绒服,仍有一名年轻人受寒引起感冒发热,一行 6 人最终只有 2 人登顶拔仙台,考察队员亲身体验到了太白山高山区的寒冷和高山缺氧。

图 5.5　2018 年 6 月 2—3 日太白山的两处冰雪(a,c)、大爷海海面薄冰(b)、
路边冻土和小冰柱(d)(另见彩图 5.5)

(2)考察期间气象监测数据分析

前面的实际考察结果说明 6 月太白山高山区存在积雪和结冰这样一个基本事实,考察期间高山气象监测数据分析结果也说明 6 月太白山高山区天气寒冷而且多变,具备形成高山积雪的基本条件。2018 年 6 月 2—3 日眉县、红桦坪(汤峪 3 号)、文公庙气象站气象监测数据来源于陕西省气象信息中心(表 5.2),眉县气象站海拔高度 517.6 m;大文公庙、大爷海气象站监测数据来源于陕西师范大学,其中大文公庙自动气象站海拔高度 3400 m,大爷海自动气象站海拔高度 3710 m。图片资料全部为笔者和考察队员所拍摄。本节使用的气象监测数据包括气温、降水、湿度、风速、风向、气压 6 个要素的 10 余种,例如平均气温、最高气温、最低气温、降水量、平均相对湿度、平均风速、2 min 最大风速等。

表 5.2　秦巴山区太白剖面观测系统和太白山 6 月高山积雪考察沿线气象站信息

地区	县/区	站名	观测场高度(m)
汉中	汉台	群干村	640
宝鸡	眉县	眉县营头镇	755
宝鸡	太白	太白县鹦鸽镇	907
汉中	南郑	双地沟	992

续表

地区	县/区	站名	观测场高度(m)
汉中	城固	付家院	1145
汉中	南郑	五棵树	1280
宝鸡	太白	太白县大箭沟*	1376
汉中	洋县	华阳	1500
汉中	南郑	黎坪村	1567
汉中	留坝	宽沟	1822
汉中	南郑	冷坝垭	1876
宝鸡	太白	太洋公路南站*	1988
宝鸡	太白	太洋公路北站*	2000
宝鸡	眉县	汤峪3号**	2253
宝鸡	太白	太洋公路站*	2329
汉中	留坝	西岭	2509
宝鸡	眉县	汤峪2号	2767
宝鸡	眉县	汤峪1号	3213
宝鸡	眉县	文公庙**	3378

说明:表中站名后带"**"者为2018年6月太白山高山积雪考察沿线气象站,即考察期间气象资料分析中用到的气象站;带"*"者为2018年8月鳌山高山积雪考察沿线气象站,即考察期间考察过观测环境的气象站。

数据分析结果一:太白山高山区6月天气寒冷

2018年6月2—3日气象监测数据分析结果显示太白山高山区6月天气寒冷,具备形成积雪的条件。大爷海气象站2日05:00整点气温和最低气温分别为-0.2℃、-0.3℃;3日17:00—20:00连续4h整点气温低于0℃,19:00达到-1.4℃;18:00—20:00连续3h最高气温低于0℃,20:00为-0.7℃;17:00—22:00连续6h最低气温低于0℃,其中19:00—21:00连续3h最低气温低于-1.0℃。2日00:00至3日23:00共48h,最高气温仅6.2℃,最低气温-1.4℃。大文公庙气象站3日19:00—20:00整点气温均为-0.6℃,20:00最高气温-0.2℃,18:00—21:00最低气温-0.9～-0.2℃,连续4h低于0℃(图5.6)。由此可见,大爷海和大文公庙天气之寒冷。

数据分析结果二:太白山6月气温垂直差异大

实地考察使考察人员对太白山6月天气垂直差异之大有了深刻的认识,亲身感受了太白山"十里不同天,一日历四季"。验证并亲身体验了"朝辞盛夏酷暑天,夜宿严冬伴雪眠。春花秋叶铺满路,四时原在一瞬间"和"山脚盛夏山岭春,山麓艳秋山顶寒,赤壁黄绿白蓝紫,春夏秋冬难分辨"等古诗词描述的太白山景象(雷向杰等,2020)。

气象监测数据分析结果显示太白山6月气温垂直差异大,气温随海拔高度变化遵循一定的客观规律。从图5.7可知,2日山下眉县气象站平均气温22.8℃,最高气温30.1℃,最低气温15.5℃,属于气候学意义上的夏天,而高山区大爷海气象站平均气温3.1℃,最高气温

6.2 ℃,最低气温−0.3 ℃,属于气候学意义上的冬天;3 日气温更低,海拔高度在 3300 m 以上的文公庙、大文公庙和大爷海气象站最低气温分别为−1.0 ℃、−0.9 ℃、−1.4 ℃。2 日和 3日,太白山 5 个气象站日最高气温、日平均气温、日最低气温随海拔高度增加的垂直递减率分别为 0.7 ℃/100 m、0.6 ℃/100 m、0.5 ℃/100 m,即海拔高度每上升 100 m,日最高气温、日平均气温、日最低气温分别降低 0.7 ℃、0.6 ℃、0.5 ℃。

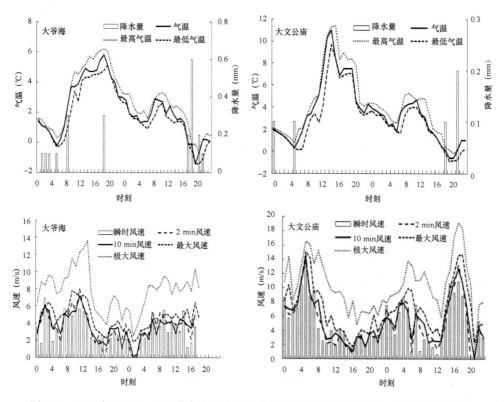

图 5.6　2018 年 6 月 2—3 日大爷海和大文公庙气象站逐小时气温、降水量和风速变化图

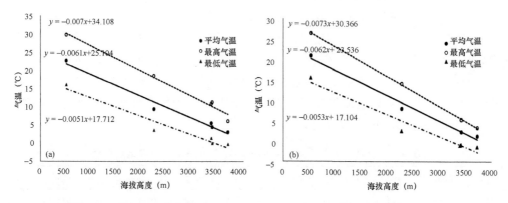

图 5.7　太白山 5 个气象站 6 月 2 日(a)和 3 日(b)气温和海拔高度散点图

数据分析结果三:太白山高山区风大、湿度大,天气多变

　　从图 5.6 和图 5.8 可知,大爷海和大文公庙风速和空气相对湿度大,且日变化幅度大。风速变化范围为 0~15 m/s,相对湿度变化范围为 40%~100%。从图 5.6 可知,大爷海和大文公庙 2 日清晨和 3 日傍晚都有降水,大爷海 2 日下午有降水。3 日中午考察组乘索道下山时,

天圆地方开始有微量降水,山下眉县县城多云,天气炎热,无降水。印证了高山区天气多变的特点。5个气象站的观测数据表明,2日眉县和海拔相对较低的红桦坪、文公庙没有降水,大文公庙和大爷海有降水;3日眉县和红桦坪没有降水,文公庙、大文公庙和大爷海有降水。说明高山区天气多变,降水概率较大,降水日数多。这一点在后面第8章8.2节对2017年五一假期太白山游客伤亡事件分析中将再次得到证实。

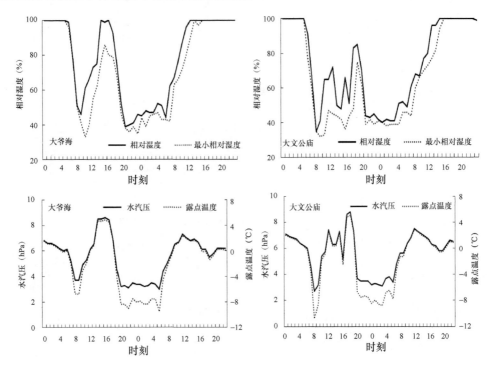

图 5.8　2018 年 6 月 2—3 日大爷海和大文公庙气象站逐小时相对湿度和水汽压、露点温度

数据分析结果四:气象站高山积雪历史观测记录说明太白山 6 月高山有积雪

1980—2017 年,眉县气象站 6 月观测到太白山高山积雪共 86 d,其中 25 d 出现在 1—5 日。6 月观测到连续 3 d 或者 3 d 以上的连续积雪过程共 7 次,2013 年 6 月 10—12 日、25—28 日两次观测到高山连续积雪过程,高山积雪持续时间最长的是 1997 年 6 月 8—13 日,持续 6 d。

1980—2017 年,太白气象站 6 月观测到太白山高山积雪共 8 d,其中 6 d 出现在 1—5 日。1980 年 6 月 1—3 日观测到连续积雪,也是唯一一次眉县和太白气象站在 6 月同时观测到 3 d 或者 3 d 以上的连续高山积雪(表 5.3)。

表 5.3　眉县和太白气象站 1980—2017 年 6 月高山积雪出现日期

气象站	1980 年	1982 年	1983 年	1984 年	1987 年	1990 年	1993 年	1997 年	1999 年	2000 年
眉县	01—04	01	26	01	02—03	01—03	04	03	01—02	01
		21				07	11	08—13	17—18	08—09
								17—18	22—26	16
										20
										28
太白	01—03		05			01	04			

气象站	2001 年	2002 年	2003 年	2004 年	2010 年	2011 年	2012 年	2013 年	2015 年	2017 年
眉县	01—02	09	02	06—07	02	02	01	01—02	04	06
	04	12	10	18		07		10—12		
	16	14	26—27	20—21，		10		25—28		
	19—23	21		24—25		23—24				
	29—30	24								
		30								
太白			10—11							

数据分析结果五:6 月 8 日太白山天圆地方等地降雪并形成积雪

2018 年 6 月 4 日考察结束,6 月 8 日太白山天圆地方等地降雪,海拔 3213 m 的汤峪 1 号自动气象监测站 8 日 00:00 到 9 日 00:00 降水量 4.9 mm,8 日 21:00 至 9 日 06:00 连续 10 h 气温低于 0 ℃,9 日 04:00 达到 −1.7 ℃,海拔更高的山区更加寒冷。

2018 年 6 月 8 日,项目组设立在红桦坪索道站的积雪加密观测点(海拔 2300 m)8—13 日连续 6 d 观测到太白山高山有积雪,眉县气象站 8—13 日没有观测到高山积雪。

2018 年 6 月 2—3 日秦岭主峰太白山高山积雪考察发现高山区存在少量积雪,看到结冰和冻土,而眉县气象站没有观测到高山积雪,说明太白山高山区有少量或者很少量的积雪,气象站一般都观测不到;一旦气象站观测到并记录了高山积雪的日期,高山区积雪一般都不会太少,积雪面积一般都应该比较大,不会太小。这在一定程度上证实了气象站高山积雪记录的可用性和珍贵性。

5.1.4　秦岭鳌山(西太白)8 月高山积雪考察

(1)鳌山 8 月高山积雪考察的背景和目的

无论是从秦岭生态保护、水资源开发利用还是科学研究的角度,秦岭积雪分布及变化研究都有着重要的意义,也备受关注。2015 年 5 月底 6 月初的媒体联合科学考察与公众科普活动"应对气候变化·记录中国——走进陕西",2016 年 8 月 29 日的"绿镜头·发现中国"系列采访活动——走进陕西等都很关注秦岭积雪变化情况,都对笔者进行过采访。2016 年 7 月 15—19 日中国林学会组织中国林业智库专家赴陕西开展"秦岭国家公园建设与秦岭立法保护"专题调研活动,关注秦岭气候变化,通过陕西省气象学会邀请笔者参加 19 日座谈会并介绍秦岭气候和气候变化情况;2019 年 11 月中旬由陕西省气象学会推荐,笔者参加了陕西秦岭研究会《促进秦岭生态文明建设立法研究报告》的撰写等;说明秦岭积雪变化研究在秦岭生态环境保护中具有相当重要的作用。

鳌山属于秦岭的主脉,古称垂山、武功山,中隔跑马梁与拔仙台东西遥遥相望,又称西太白;主峰海拔 3476 m,最高峰麦秸岭海拔为 3520 m,是秦岭第二独立高峰。秦岭主峰太白山拔仙台至鳌山一线南北坡垂直梯度大,森林覆盖率高,生态资源丰富且垂直差异明显,气象灾害、地质灾害和自然生态灾害频发。"鳌太穿越"成为国内热点野外线路,"驴友"(户外旅游爱好者)伤亡事故频发(白红英,2014)。鳌山是太白山的重要组成部分,秦岭腹地一直都是各领域科学技术人员研究的重点区域,也是生态保护的重点区域,无人区则是生态保护的重中之重。

秦岭是一座绿色水库,积雪是这座水库中最为重要的组成部分之一,对调节河流径流和淡水资源年内分布发挥着重要作用。2015 年以来,笔者因工作等原因多次在秦岭山区穿梭,5 次登上秦岭主峰太白山,多次看到高山上的积雪,深切感受到秦岭气候垂直差异之大和高山区的寒冷,以及高山区良好的生态环境。处于鳌山山域内的太白气象站 1980—2014 年观测到的高山积雪日数多年平均值高达 164 d/a,是秦岭 32 个气象站观测到高山积雪日数最多的气象站。也就是说,鳌山是秦岭 32 个气象站中观测到高山积雪最多的地方。秦岭 32 个气象站近 30 多年的历史观测资料表明夏季 6 月、7 月都有过高山积雪的观测记录,唯独 8 月没有。也就是说,在一年 12 个月中,近 30 多年秦岭区域内 32 个气象站只有 8 月没有秦岭高山积雪方面的记录。为了深入了解秦岭鳌山高海拔无人区是否存在高山积雪,同时,考察鳌山高山无人区是否具备建设高海拔自动气象站的基本条件,陕西省气象局和宝鸡市气象局、太白县气象局领导和专家共 6 人组成考察组,于 2018 年 8 月 24 日对鳌山进行了实际考察。

(2)鳌山 8 月高山积雪考察路线和结果

陕西气象部门 2012 年前后建成秦巴山区剖面观测系统,在秦巴山脉断面上长 350 km、宽 60 km,呈西南—东北走向,穿越秦岭高山区,均匀布设了太白、华山 2 个断面(剖面)观测带,共布设六要素自动气象站 33 个、雨滴谱仪 4 个、闪电定位仪 2 个。

目前,秦巴山区太白山剖面观测系统已经在太白山拔仙台及其以东山区建成海拔 3000 m 以上高山气象站 3 个:汤峪 1 号气象站海拔高度 3213 m,文公庙气象站海拔高度 3378 m,拔仙台气象站海拔高度 3730 m。随着社会需求的增加,这些气象站的监测数据发挥的作用越来越大。而鳌山高海拔地区 3000 m 以上还没有建设高山气象站。2016 年陕西师范大学依托科研项目,在大文公庙和大爷海建设了气象站。2019 年 6 月陕西省气象部门在太白山拔仙台建成拔仙台自动气象站并正式投入使用,气象站海拔高度 3730 m。至此,拔仙台自动气象站替代文公庙自动气象监测站成为秦岭,也是陕西境内建成并投入使用的海拔最高的自动气象站。现有气候监测数据,特别是高山气象站气候监测数据,已经应用于每一次降水过程的监测评估和影响分析;应用于监测和评估秦岭大风、暴雪等灾害性天气以及降水诱发的洪水、山洪和滑坡、泥石流等灾害,提高了高山区天气气候监测和气象灾害预报预警的能力,进而提升整个秦岭防御气象及其衍生灾害的能力,减少和避免人员伤亡和经济损失;同时,应用于秦巴山区地形云降水特点和降水形成机理和人工影响天气等方面的研究,应用于景区游客和相关人员及时获取高山区天气实时监测数据和实况信息,应用于针对重大活动或特殊日期适时发布的秦岭天气和气候监测预警产品等方面。

目前和今后一个时期,秦巴山气象观测网建设将在秦巴山脉已有华山、太白 2 条"西南—东北"纵向断面(剖面)观测带的基础上,再增加布设一条纵向和一条横向断面观测带,形成"一横三纵"4 条相互交叉的秦巴山脉断面观测网。其中,沿"鄠邑—镇巴",途经佛坪、宁陕、石泉和汉阴建设一条纵向观测带,均匀布设 6 个六要素(气压、气温、相对湿度、风向、风速、降水量)高山指标站(增加实景监测);在宁陕建设 1 个太阳辐射站、1 个微波辐射站、1 个臭氧观测站和 1 个负氧离子观测站(上坝河国家森林公园),在户县、长安共建设 2 个臭氧观测站。沿"太白—山阳",途经周至、柞水建设一条横向观测带,均匀布设 4 个六要素高山指标站(增加实景监测);在太白、柞水建设 2 个太阳辐射站;在太白(太白山国家森林公园)、周至(黑河国家森林公园)建设 2 个负氧离子观测站。2019 年 6 月建成投入使用的太白山拔仙台自动气象监测站也是目前正在按规划建设的"一横三纵"4 条相互交叉的秦巴山脉断面观测网的最重要的站点之一。建设鳌山自动气象监测站对完善秦巴山脉"一横三纵"4 条相互交叉的断面观测网有重要意义,对秦岭主峰太白山包含降雪、积雪在内的天气监测预警、防灾减灾救灾和气候变化影响研究具有重要意义,2018 年 8 月 24 日鳌山 8 月建站条件和高山积雪考察路线设计充分考虑了这些问题。

考察组综合多种因素,制定了周密的考察计划和考察路线。22 日考察组首先到太白县气象局考察,然后对秦巴山太白剖面(断面)观测系统中的太洋公路北站、太洋公路站、太洋公路南站和大箭沟自动气象监测站观测环境和运行情况进行了实际考察。对鳌山高山区的考察在24 日凌晨开始,03:50 考察队员从太洋公路 23 km 处开始登山,先后对鳌山山系的小营地、鳌头、西跑马梁(《地图上的秦岭》编纂委员会,2014,2015)等地的地形地貌、天气气候和植被类型等进行实际考察,然后原路返回,18:40 回到山脚太洋公路 23 km 处,考察历经约 14 h,期间天气条件良好,获得了许多有价值的资料,对鳌山高海拔山区的天气气候和生态环境有了具体的、进一步的认识,感受到了鳌山高山区天气的寒冷多变。鳌山无人区人迹罕至,保持了原始的生态环境,树茂林密,青苔厚实,涵养水源功能明显。但是,在考察途经之处和所看得见的山头和山坡均没有发现积雪。

5.2　气象站高山积雪观测记录整理

逐站逐日整理秦岭 32 个气象站 1980—2016 年度逐年各月气象地面观测月报表中纪要栏的逐日高山积雪观测记录,建立数据文件。图 5.9 为气象站气象地面观测月报表中纪要栏高山积雪观测记录原始档案扫描图。各气象站气象月报表纪要栏高山积雪记录,不同年代不同观测员根据高山积雪分布情况描述高山积雪的用语往往有所不同,本书整理和统计高山积雪记录时,采取了比较简单的方法,即不区分所描述高山积雪分布面积大小,只统计有无高山积雪。也就是说,气象站高山积雪记录只要记录了高山积雪,就统计该日为有高山积雪,无论积雪面积大小。

例如,眉县气象站气象月报表纪要栏高山积雪记录常用语就有"测站南面的太白山有积雪""南方太白山有积雪""正南方的太白山有积雪""测站南方太白山有积雪""南面秦岭山有积雪""测站南面高山有积雪""测站南面高山山顶有积雪""南面高山均有积雪""测站南面太白山顶上有积雪""南山可见积雪"等。本书统计眉县气象站高山积雪时,只要纪要栏某一天有上述语句中其中的任何一种,就记为眉县气象站该日观测到高山积雪,并将该天记为高山积雪日。

同理,秦岭 32 个气象站中的任何一个,只要气象站高山积雪记录中某天出现任何一种描述测站周围高山有积雪的情况,无论描述的积雪面积大小,只要描述有高山积雪,即记该日有高山积雪,为高山积雪日。太白气象站四面环山,气象月报表纪要栏高山积雪记录常用语句更多,描述更加细致:"测站南面的鳌山上有积雪""测站北边的冻山,东边的太白山梁上有积雪""测站南面的鳌山东南方的太白山跑马梁和北面的冻山上均有积雪""本月全月内测站四周高山上均有积雪""测站南面的高山上均有积雪""测站东南方跑马梁上有积雪""测站南面的鳌山,东南太白山,北面的冻山上均有积雪""本月 30—31 号测站四周山上均有积雪""全月内测站南边的鳌山,北边的秦岭山上均有积雪""测站南面的山上有积雪""东面的山有积雪""测站南面,东面,西面的山和冻山有积雪""测站南面和北面高山有积雪""测站南、西、北三面高山有积雪""测站东、南、西三面高山和冻山有积雪""测站南面高山部分有积雪""测站南面高山顶和西北远山山顶均有积雪""测站东南高山顶有积雪""测站正东部远山山顶有积雪"等。如前所述,本书中太白气象站高山积雪只统计记录中有无高山积雪，不区分高山积雪记录中描述的高山积雪面积大小。

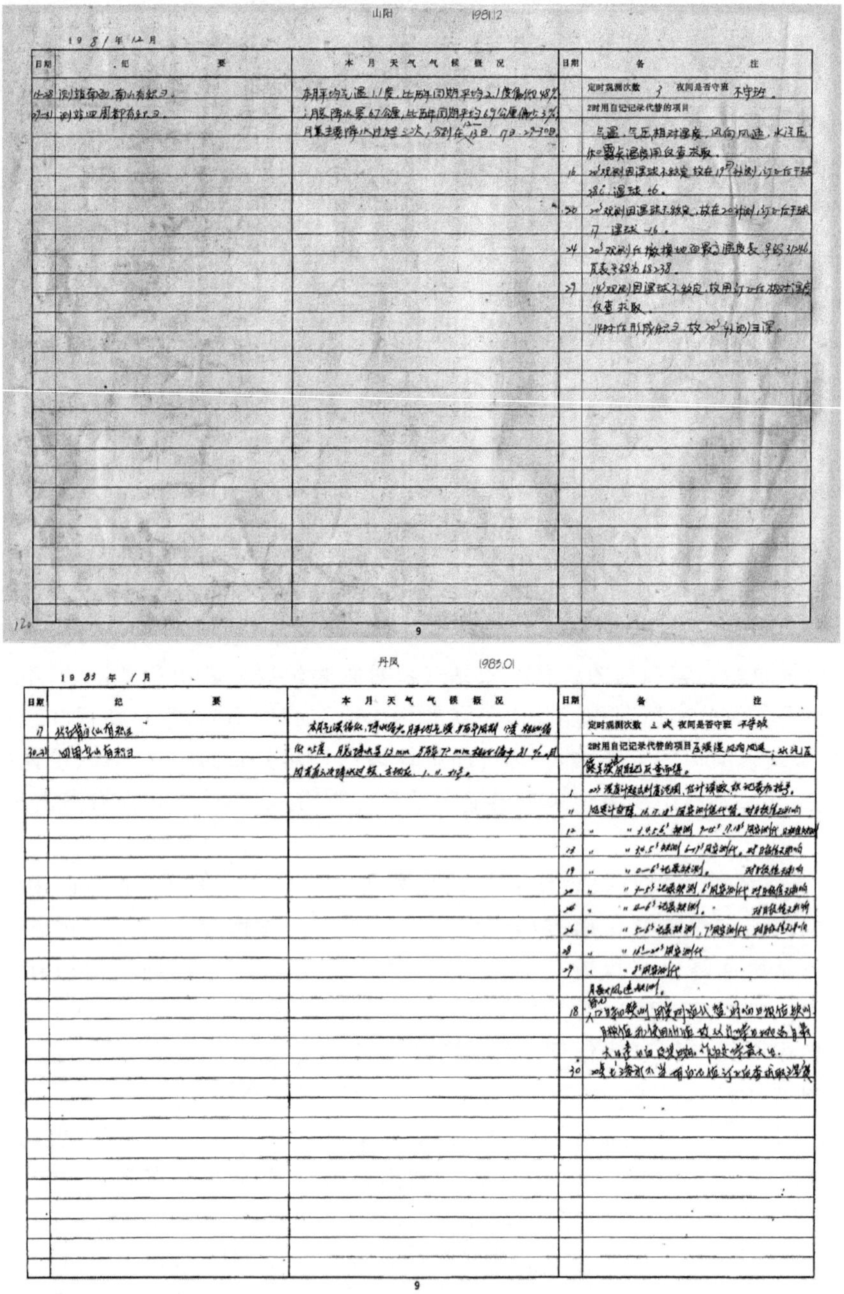
山阳　1981.12

1981年12月

日期 | 纪要 | 本月天气气候概况 | 日期 | 备注

12-28 测站南面，南山有积雪。
29-31 测站四周都有积雪。

本月平均气温1.1度，比历年同期平均2.1度偏低48%；月总降水量6.7公厘，比历年同期平均6.9公厘偏少3%，月里主要降水过程三次，分别在13日、17日、29-30日。

定时观测次数 3　夜间是否守班 不守班。
2时用自记记录代替的项目 气温、气压、相对湿度、风向风速、水汽压和露点温度用仪查求取。
16 20时观测因湿球不稳定，故在19时补测，订正后干球28.6，湿球16。
20 20时观测因湿球不稳定，故在20时补测，订正后干球17，湿球-16。
24 20时观测后撤换地面最高温度表，号码31246，更表号码为18238。
29 14时观测因湿球不稳定，故用订正后相对湿度仪查求取。
14时后形成积雪，故20时补测雪深。

9

丹凤　1983.01

1983年1月

日期 | 纪要 | 本月天气气候概况 | 日期 | 备注

定时观测次数　夜间是否守班
2时用自记记录代替的项目

9

图5.9　山阳和丹凤气象站高山积雪原始记录扫描图

逐站逐日整理气象站高山积雪观测记录，凡是记录有高山积雪的日期，记录为积雪日，该日赋值1(图5.10)。在此基础上统计分析各个气象站年或者年度、冷季(冬半年)、冬季、月高山积雪日数、高山积雪平均初终日期、最早和最晚初终日期、初终间日数、最长连续积雪日数、秦岭区域性高山积雪事件等。

	A	B	C	D	E
1	年	月	日	高山积雪记录	
3686	1990	2	1	测站四周高山有积雪	1
3687	1990	2	2	测站及四周高山有积雪	1
3688	1990	2	3	测站四周高山有积雪	1
3689	1990	2	4	测站四周高山有积雪	1
3690	1990	2	5	测站四周高山有积雪	1
3691	1990	2	6	测站及四周高山有积雪	1
3692	1990	2	7	测站及四周高山有积雪	1
3693	1990	2	8	测站四周高山有积雪	1
3694	1990	2	9	测站四周高山有积雪	1
3695	1990	2	10	测站四周高山有积雪	1
3696	1990	2	11	测站四周高山有积雪	1
3697	1990	2	12	测站及四周高山有积雪	1
3698	1990	2	13	测站及四周高山有积雪	1
3699	1990	2	14		
3700	1990	2	15		
3701	1990	2	16	测站及四周高山有积雪	1
3702	1990	2	17	测站及四周高山有积雪	1
3703	1990	2	18	测站及四周高山有积雪	1
3704	1990	2	19	测站四周高山有积雪	1
3705	1990	2	20	测站四周高山有积雪	1
3706	1990	2	21	测站四周高山有积雪	1
3707	1990	2	22	测站东、南、西三面山顶有积雪	1
3708	1990	2	23	测站四周高山有积雪	1
3709	1990	2	24	测站四周高山有积雪	1
3710	1990	2	25		
3711	1990	2	26		

图 5.10　佛坪气象站 1990 年 2 月高山积雪记录整理结果截图

5.3　秦岭高山积雪分布与变化特点

从秦岭 32 个气象站 1980—2016 年度高山积雪观测记录统计的高山积雪日数看,秦岭主峰太白山鳌山附近有一个年高山积雪日数超过 150 d 的大值中心,其周边的凤县、留坝、眉县等高山积雪日数都在 30 d 以上。秦岭东部山阳附近有一个年高山积雪日数大于 50 d 的高值中心,华山气象站是一个大于 60 d 的高值中心。华山、华阴、镇安、汉阴、商县、洛南等较大区域年高山积雪日数都在 30 d 以上。汉江沿岸的勉县、汉中、城固、洋县、安康、旬阳以及渭河沿岸的周至、鄠邑、长安年高山积雪日数小于 10 d,秦岭其他地方年高山积雪日数在 10~30 d (图 5.11(彩))。

秦岭 1980—2016 年度年高山积雪日数平均每年每站 26.28 d,其中冬半年 25.39 d,冬季 18.15 d,1 月最多,7.78 d,其次为 2 月 6.10 d,12 月 4.27 d(图 5.12)。

秦岭 1980—2016 年度年高山积雪日数呈现减少趋势,平均以 8.07 d/10 a 的速率减少,积雪日数与时间的相关系数为 −0.65,高山积雪日数减少趋势明显,通过 0.01 的信度检验 (图 5.13)。

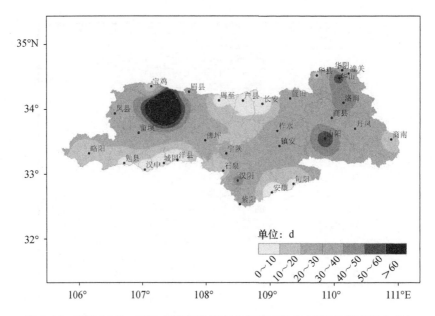

图 5.11　秦岭 1980—2016 年度年平均高山积雪日数分布图(另见彩图 5.11)

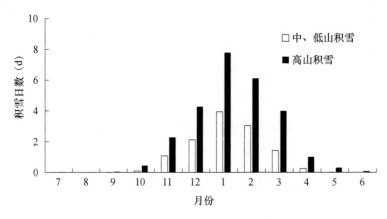

图 5.12　秦岭 1980—2016 年度各月平均高山积雪日数

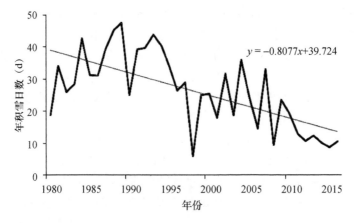

图 5.13　秦岭 1980—2016 年度年平均高山积雪日数变化图

5.4　秦岭区域性高山积雪事件变化特点

5.4.1　资料与方法

为了分析整个秦岭高山积雪分布特点和变化特征,给每个气象站有积雪的日期赋值为 1,建立秦岭 32 个气象站逐日高山积雪数据表(图 5.14),从中可以很容易地看出秦岭历年逐日每一个气象站高山积雪出现情况和秦岭 32 个气象站高山积雪整体分布情况。

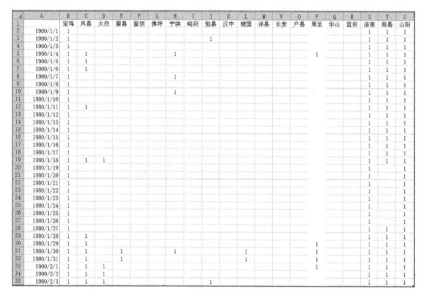

图 5.14　秦岭 32 个气象站历年逐日有无高山积雪数据表截图

积雪按持续时间的不同,分为永久积雪和季节积雪,永久积雪终年不消融,季节积雪根据季节的更迭而变化,冬季形成,夏季消融。季节积雪又分为稳定积雪(持续时间在 2 个月以上)和不稳定积雪(持续时间不足 2 个月)。参考气象部门对沙尘天气过程等的定义(中国气象局,2015),定义秦岭 32 个气象站中,有 5 个或 5 个以上的气象站连续积雪大于或等于 3 d 为秦岭区域性高山积雪事件,满足上述条件的积雪首日为事件开始日期,不再满足有 5 个或 5 个以上的气象站有高山积雪的前一天为事件终日。定义有 5 个或 5 个以上的气象站连续积雪大于等于 20 d 为秦岭区域性长时间高山积雪事件,有 5 个或 5 个以上的气象站大于或等于 60 d 为秦岭区域性稳定高山积雪事件,起始日期确定方法与秦岭区域性高山积雪事件相同。年度、冬半年、冬季定义同前(详见第 3 章 3.2 节)。

利用秦岭 32 个气象站 1980—2016 年度共 37 a 高山积雪观测记录,分别统计秦岭区域性高山积雪事件、区域性长时间高山积雪事件和区域性稳定高山积雪事件,结果表明近 30 多年秦岭没有永久积雪,但存在区域性的高山稳定积雪。

利用最小二乘法做线性倾向估计,分析秦岭区域性高山积雪事件随时间的变化趋势,用线性倾向率表示气象要素的变化趋势和速率。通过对气象要素与时间的相关系数的检验,判断变化趋势是否显著。

5.4.2 秦岭区域性高山积雪事件特征

(1)秦岭区域性高山积雪事件次数变化

1980—2016 年度,秦岭区域性高山积雪事件共出现 114 次,累计积雪天数 1820 d,平均每次事件 16 d。其中 1980—1989 年度出现 44 次,占总事件次数的 38.6%,1990—1999 年度出现 29 次,占总次数的 25.4%,2000—2009 年度出现 29 次,占总次数的 25.4%,2010—2016 年度出现 12 次,占总次数的 10.6%。20 世纪 80 年代出现的秦岭区域性高山积雪事件最多,90 年代次之,2000 年度以后秦岭区域性高山积雪事件次数逐渐减少。在 114 次秦岭区域性高山积雪事件中,积雪日数大于或等于 10 d 的有 51 次,大于或等于 20 d 有 29 次,大于或等于 60 d 的有 6 次。1980—2016 年度秦岭区域性高山积雪事件次数呈现明显减少趋势,减幅为 0.86 次/10 a,通过了 $\alpha=0.01$ 的信度检验(图 5.15)。

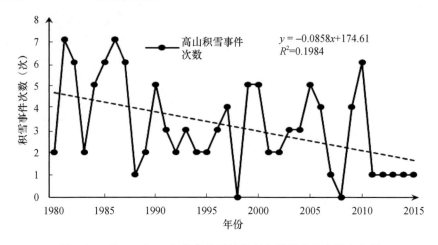

图 5.15 1980—2016 年度秦岭区域性高山积雪事件次数变化图

从季节分布来看,秦岭区域性高山积雪事件均出现在冷季,其中有 69 次出现在冬季,占 60%。夏季(6—8 月)没有过出现 5 个或者 5 个以上气象站连续 3 d 或 3 d 以上有高山积雪的秦岭区域性高山积雪事件。统计每次秦岭区域性高山积雪事件中连续高山积雪日数最长的气象站(含并列的气象站)和每个气象站在 114 次秦岭区域性高山积雪事件中为连续高山积雪日数最长站的次数,发现太白、华山、山阳 3 个气象站成为秦岭区域性高山积雪事件中连续积雪日数最长站的次数最多,分别为太白 111 次、华山 55 次、山阳 45 次(图 5.16(彩))。

(2)秦岭区域性长时间高山积雪事件特征

根据前面的定义,秦岭 32 个气象站中,有 5 个或者 5 个以上气象站观测到连续大于或等于 20 d 高山积雪的事件为秦岭区域性长时间高山积雪事件,1980—2016 年度秦岭共观测到该类高山积雪事件 29 次,累计积雪天数 1219 d,平均每次事件 42 d。其中 1980—1989 年度 11 次,占总次数的 37.9%,累计积雪天数 457 d,平均每次 41.5 d。1990—1999 年度 11 次,占 37.9%,累计积雪天数 485 d,平均每次 44 d。2000—2009 年度 6 次,占 20.7%,累计积雪天数 257 d,平均每次 42 d。2010—2016 年度 1 次,占 3.5%,积雪天数为 20 d。

21 世纪以来,秦岭区域性长时间高山积雪事件急剧减少,2014 年以后没有出现过该类高山积雪事件。从季节分布来看,29 次秦岭区域性长时间高山积雪事件仅 1 次出现在 11 月,其余 28 次均出现在 12 月至次年 1 月。29 次事件中太白气象站观测到的高山积雪日数均为每次事件中最长的,共有 1219 d,平均每次 42 d(表 5.4)。

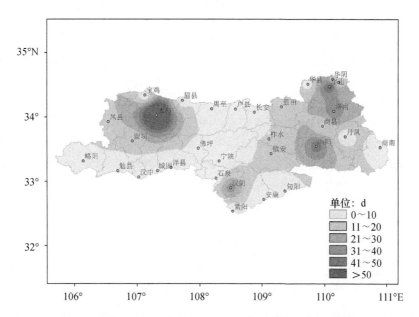

图 5.16　各个气象站作为秦岭区域性高山积雪事件中连续积雪日数最长站次数分布图(另见彩图 5.16)

表 5.4　秦岭区域性长时间高山积雪事件及其连续积雪日数最长的气象站

序号	时间	N	N_3	N_{20}	D	最长积雪日数站名
1	1981/1/20—2/12	19	15	7	23	太白
2	1981/12/13—1982/1/3	22	16	3	22	太白、商县、山阳
3	1982/1/23—2/28	20	16	8	37	太白、山阳
4	1982/12/31—1983/1/23	22	14	3	24	太白、山阳、紫阳
5	1984/1/17—2/29	22	21*	14	44	太白、洛南、山阳
6	1984/12/8—1985/1/31	26	23*	21*	55	太白
7	1985/12/20—1986/1/27	24	22*	9	39	山阳、汉阴
8	1986/12/15—1987/1/9	24	18	7	26	太白、山阳
9	1988/2/14—3/10	28	28*	8	26	太白、华山、洛南、山阳
10	1988/12/28—1989/3/17	30	27*	22*	80	太白、洛南、汉阴
11	1989/12/21—1990/3/11	28	28*	19	81	太白、汉阴
12	1991/1/22—2/16	19	17	3	26	凤县、太白、山阳
13	1991/12/23—1992/2/19	28	27*	18	59	太白、山阳
14	1992/12/26—1993/3/5	30	27*	22*	70	太白
15	1993/11/17—12/21	26	24*	9	35	太白
16	1994/1/14—2/16	30	27*	7	34	太白、汉阴
17	1994/2/23—3/22	29	27*	8	28	太白、汉阴
18	1994/12/11—1995/2/28	28	26*	19	80	太白、汉阴

序号	时间	N	N_3	N_{20}	D	最长积雪日数站名
19	1996/1/11—3/1	26	24*	20*	51	太白
20	1997/1/22—3/4	26	23*	11	42	太白、汉阴
21	1998/1/10—2/7	24	23*	6	29	太白、洛南
22	2000/1/12—2/11	24	22*	14	31	太白、洛南、商县
23	2001/1/7—2/4	17	14	5	29	太白
24	2001/12/3—28	17	13	10	26	太白、蓝田
25	2002/12/20—2003/2/18	26	24*	13	61	太白
26	2004/12/21—2005/2/28	28	26*	16	70	太白
27	2008/1/11—2/29	28	26*	22*	50	太白、洛南
28	2009/11/11—12/1	26	22*	3	21	太白、洛南
29	2014/2/5—24	14	14	3	20	太白、华山、洛南

说明:表中 N 表示秦岭区域性长时间高山积雪事件中观测到有高山积雪的气象站数量, N_3 表示观测到连续高山积雪大于或等于 3 d 的气象站数量, N_{20} 表示观测到连续高山积雪大于或等于 20 d 的气象站数量,气象站总数为 32 个; D 表示秦岭区域性长时间高山积雪事件中的最长积雪日数。* 表示 N_3、N_{20} 大于或等于 20 个气象站的事件。

(3)秦岭区域性稳定高山积雪事件特征

根据前面定义,秦岭 32 个气象站中,有 5 个或者 5 个以上气象站观测到连续大于或等于 60 d 高山积雪的事件称为秦岭区域性稳定高山积雪事件。1980—2016 年度,共出现秦岭区域性稳定高山积雪事件 6 次,累计积雪天数 442 d,平均每次事件持续时间为 73.7 d。6 次秦岭区域性稳定高山积雪事件 20 世纪 80 年代出现 2 次,90 年代出现 2 次,21 世纪后的 2002 年度和 2004 年度各出现 1 次,2005 年度以后再没有出现过秦岭区域性稳定高山积雪事件。1989 年 12 月 21 日至 1990 年 3 月 11 日,秦岭区域性稳定高山积雪事件持续时间为 81 d,是有观测资料 37 a 来持续时间最长的,32 个气象站中有 28 个观测到高山积雪,平均每个气象站出现积雪 44.3 d(表 5.5)。

表 5.5　1980—2016 年度秦岭区域性稳定高山积雪事件

序号	持续时间	N	N_3	N_{20}	N_{60}	D
1	1988/12/28—1989/3/17	30	27*	22*	12	80
2	1989/12/21—1990/3/11	28	28*	19	12	81
3	1992/12/26—1993/3/5	30	27*	22*	3	70
4	1994/12/11—1995/2/28	28	26*	19	7	80
5	2002/12/20—2003/2/18	26	24*	13	2	61
6	2004/12/21—2005/2/28	28	26*	16	5	70

说明:表中 N 表示区域性稳定高山积雪事件中观测到有高山积雪的气象站数量, N_3 表示观测到连续高山积雪大于或等于 3 d 的气象站数量, N_{20} 表示观测到连续高山积雪大于或等于 20 d 的气象站数量,气象站总数为 32 个; D 表示区域性稳定高山积雪事件中的最长积雪日数。* 表示 N_3 与 N_{20} 大于或等于 20 个气象站的事件。

(4)秦岭主峰太白山西部高山积雪事件特征

秦岭区域性高山积雪事件分析结果表明,每次事件中太白气象站观测到的高山积雪均

是持续时间最长的。太白山是秦岭主峰,海拔高,积雪时间长,下面对太白气象站观测到的
高山积雪事件单独进行分析。参照秦岭区域性积雪事件定义,定义太白气象站观测到的高
山积雪连续大于或等于 3 d 为太白山西部高山积雪事件,高山积雪连续大于或等于 20 d 为
太白山西部长时间高山积雪事件,高山积雪连续大于或等于 60 d 为太白山西部稳定高山积
雪事件。定义太白气象站(海拔 1543.6 m)地面积雪连续大于或等于 3 d 为太白山西部中
山积雪事件,连续大于或等于 20 d 为太白山西部中山长时间积雪事件,连续大于或等于
60 d 为太白山西部中山稳定积雪事件。太白山西部 1980—2016 年度共出现高山积雪事件
161 次,累计积雪日数 5492 d,平均每次 34 d,出现在当年 9 月至次年 5 月。161 次太白山
西部高山积雪事件中,1980—1989 年度 54 次,1990—1999 年度 46 次,2000—2009 年度 36
次,2010—2016 年度 25 次。

1980—2016 年度,太白山西部长时间高山积雪事件共 56 次,累计积雪日数 4858 d,平均
每次 83.8 d,出现在当年 10 月至次年 4 月。56 次太白山西部长时间高山积雪事件中,1980—
1989 年度 18 次,1990—1999 年度 13 次,2000—2009 年度 15 次,2010—2016 年度 10 次。

1980—2016 年度,太白山西部稳定高山积雪事件共 37 次,累计积雪日数 4161 d,平均每
次 112.5 d。37 次太白山西部稳定高山积雪事件中,1980—1989 年度 10 次,1990—1999 年度
9 次,2000—2009 年度 11 次,2010—2016 年度 7 次。1990 年度、1998 年度太白山西部没有出
现稳定高山积雪事件,1996 年度、2005 年度出现 2 次太白山西部稳定高山积雪事件,其他年份
每年均出现 1 次太白山西部稳定高山积雪事件。太白山西部持续时间最长的高山积雪事件为
2003 年 11 月 7 日至 2004 年 4 月 18 日,持续时间 164 d。

太白山西部高山积雪事件的持续时间与事件次数均多于秦岭区域性高山积雪事件。
1980—2016 年度,太白山西部高山积雪事件次数呈现减少趋势,减幅为 0.59 次/10 a,通过了
$\alpha=0.1$ 的信度检验,减少趋势没有秦岭区域性高山积雪事件减少趋势明显(图 5.17)。

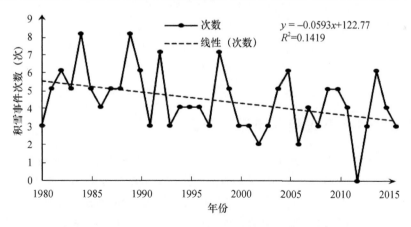

图 5.17　1980—2016 年度太白山西部高山积雪事件次数变化图

1980—2016 年度,太白山西部中山积雪事件,即太白气象站地面积雪事件共 122 次,累计
积雪日数 640 d,平均每次 5.3 d,出现在当年 11 月至次年 3 月。121 次太白山西部中山积雪事
件中,1980—1989 年度 37 次,1990—1999 年度 32 次,2000—2009 年度 37 次,2010—2016 年度
16 次。在 122 次太白山西部中山积雪事件中,仅有 2 次为太白西部中山长时间积雪事件,没
有出现太白山西部中山稳定积雪事件。通过对 1980—2016 年度每个年度太白山中山积雪事
件和高山积雪事件中的总积雪日数进行比较,可以清晰地看出,1980—2016 年度太白山西部

中山积雪事件积雪总日数远低于太白山西部高山积雪事件积雪总日数,由此可见高山积雪观测记录的珍贵性。

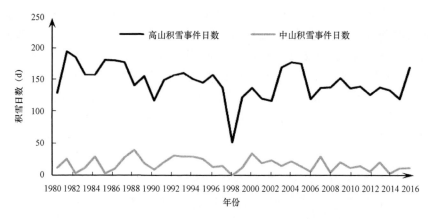

图 5.18　1980—2016 年度太白山西部高山积雪事件和中山积雪事件积雪日数变化图

综上所述,1980—2016 年度,秦岭共出现 114 次区域性高山积雪事件,累计积雪日数 1820 d,114 次事件均出现在当年 11 月至次年 4 月,其中 60% 的区域性高山积雪事件发生在当年 12 月至次年 2 月。秦岭区域性长时间高山积雪事件共 29 次,除 1 次开始于 11 月外,其他 28 次均出现在 12 月至次年 1 月。1980—2016 年度,秦岭区域性稳定高山积雪事件共 6 次,平均每次积雪日数 73.7 d。2003 年 11 月 7 日至 2004 年 4 月 18 日为持续时间最长的秦岭区域性稳定高山积雪事件,持续时间 81 d,该次事件中高山积雪持续最长的气象站是太白和汉阴。

在气候变暖的背景下,1980—2016 年度秦岭区域性高山积雪事件呈现明显的减少趋势,减少速率为 0.86 次/10 a。各年代秦岭区域性长时间高山积雪事件平均出现次数 20 世纪 80 年代每年 1 次,90 年代每年 0.9 次,21 世纪 10 年代每年仅 0.4 次。2005 年以后没有出现过秦岭区域性稳定高山积雪事件。

1980—2016 年度,秦岭主峰太白山西部出现高山积雪事件 161 次,其中长时间高山积雪事件 58 次,稳定高山积雪事件 37 次。1980—2016 年度太白山西部高山积雪事件呈减少趋势,减少速率为 0.59 次/10 a。

5.4.3　秦岭降雪天气过程环流形势分析

积雪日数与降雪日数,积雪事件与降雪天气过程关系密切,下面简单分析秦岭 2009—2018 年主要降雪天气过程环流形势,分析影响秦岭降雪天气过程的大气环流特点和类型。2009—2018 年秦岭(关中、陕南)大雪以上量级降雪天气过程共 16 次。按照降雪时 500 hPa 环流形势,主要可分为高原槽型、西北槽型和西风槽叠加型。其中高原槽型个数最多,为 9 次,占总数的 50% 以上,西北槽型 3 次,西风槽叠加型 4 次。

高原槽型环流形势表现为 500 hPa 上高原东部有低槽东移并逐渐加深,影响陕西中南部,陕西北部地区为偏西北气流,700 hPa 上东北向气流与西南气流在陕西中部形成近似西南—东北向的横向切变或低涡,850 hPa 上在四川北部有低涡,低涡北部偏东暖湿气流在陕西东南部形成切变或风速辐合。地面图上表现为新疆北部有冷高压,四川东部有(低压)倒槽,二者在陕西中南部地区交汇,造成降雪。该类型影响范围较小,主要造成关中、陕南地区出现明显降雪天气;西北槽型环流形势表现为 500 hPa 上东北地区有强大冷涡维持,40°N 以北东北—新疆地区有宽广横槽,横槽底部分裂低槽在东移时间中加深,影响陕西,700 hPa 上在陕南地区有低涡或切变存在,850 hPa 上新疆北部冷高底部偏东气流和中低纬低压外围偏东气流在 30°N 以北合为一支后向陕西输送,在关中、陕南地区产生风速切变。地面图上在新疆北部有强冷高压维持,高压底部东路冷空气影响陕西中南部,造成降雪。该类型在陕西延安以南均可造成明显降雪天气。西风槽叠加型表现为 500 hPa 上由新疆北部东移南下的低槽与南支槽合并影响陕西,700 hPa 上偏北气流与偏南气流在陕西形成几乎贯穿全省的南北向切变,850 hPa 盛行偏东路冷空气,东北地区冷高压底部东风回流冷空气。地面图上与 850 hPa 对应,表现为蒙古(东北)冷高压底部偏东气流与四川东部倒槽在陕西地区交汇,造成降雪天气。该类型影响范围最广,往往造成陕西全省性较强降雪。

5.4.4　卫星监测到的秦岭高山积雪变化

基于 2000—2017 年的 Landsat TM 数据,利用在 SNOMAP 算法的基础上综合近红外波段的积雪提取方法结合 GIS(地理信息系统)和 RS(遥感)技术,分析太白山积雪面积变化及季节雪线变化,探究太白山积雪面积及季节雪线变化驱动效应。

在全球气候变暖的趋势下,积雪是影响全球热量平衡的关键气候因子,对地表辐射、能量循环和水循环有着非常重要的影响(赵军等,2015)。太白山是中国大陆东部第一高山,然而国内关于太白山积雪情况的研究甚少。在气象资料不足、气候条件恶劣的山区,应用观测数据监测积雪变化难度极大,传统方法监测高山积雪是利用地面观测站数据并结合实地考察来进行,这样的方法因数据量少、信息不完整无法得到客观实际的统计数据,因此卫星遥感数据在积雪监测和雪灾预警上发挥着重要的作用。遥感技术可客观、宏观、完整地监测太白山积雪变化情况。

近年来,国内外基于遥感技术的积雪提取方法层出不穷,目前广为使用的方法大致分为阈值统计法、归一化积雪指数(NDSI,normalized difference snow index)以及混合像元分解法(王建,1999;刘良明等,2012;Jiang et al.,2014;Pant et al.,2014;Joshi et al.,2015)。单纯应用阈值统计法只出现在卫星资料应用的早期,例如以环境减灾卫星数据为基础,利用阈值法开展祁连山积雪面积监测与提取研究(蒋友严等,2013)。混合像元分解法包括了监督分类及非监督分类等方法,例如应用 TM 数据利用目视解译提取太白山积雪面积,应用线性光谱混合模型提取天山中段积雪面积并进行精度评价,运用线性光谱混合模型结合纹理特征与支持向量机(SVM)对积雪信息进行提取(王娟等,2012;陈晓娜等,2010;瞿娟等,2013);混合像元分解法对研究人员的技术及经验有一定要求,因此应用混合像元分解法进行积雪信息提取有很大的局限性。归一化积雪指数法 NDSI 是国外学者 Hall 等利用积雪具有在可见光波段反射率较高和在近红外波段反射率较低的特性所建立,国内外学者应用归一化差分积雪指数的众多研究中,发现归一化积雪指数法(NDSI)在积雪提取中存在一定不足,比如水体与积雪容易混淆,此时发现近红外波段对水体强吸收而对积雪弱吸收,因此加入近红外波段构建辅助判别因子,形成了 SNOMAP 算法,得到了广泛应用(Hall et al.,1995;陈晓娜等,2010;彦立利等,2013)。例如 Satir(2016)利用 SNOMAP 积雪指数对意大利 Cilo 山的积雪情况进行了长时间序列的监测;国内学者应用 SNOMAP 算法基于不同的遥感数据对不同地区的积雪信息进行了提取,针对不同遥感数据的波段特点确定不同阈值,得到积雪信息,在研究中发现在山体积雪提取中山体阴影及薄雪覆盖区较易混淆,应用 NDSI 积雪指数及近红外波段相综合的算法,并应用 ETM+ 进行验证,结果显示较 SNOMAP 算法更为准确(姜萍等,2017)。应用 TM 数据进行积雪信息反演的包括利用 NDSI 算法和综合阈值判别法对内蒙古草原积雪进行监测和积雪信息提取(侯慧姝等,2010),对玛纳斯上游地区的积雪指数的不确定性进行分析(赵军等,2014),应用 ETM 数据对玛纳斯河流域积雪信息建立归一化差值积雪指数阈值,并进行积雪信息提取(郑璞等,2014);国内学者同时也应用国产卫星进行积雪面积提取的探索,例如应用高分一号卫星数据通过归一化积雪指数并建立阈值提取玛纳斯河流域冰川情况,并通过 TM 数据进行精度验证,发现高分一号卫星数据应用归一化积雪指数提取积雪信息结果可靠(樊晓兵等,2015);使用 HJ-1B 卫星资料应用归一化积雪指数并设置有效阈值提取积雪信息(何咏琪等,2013);在原有归一化积雪指数的方法下国内学者不断开展新研究,在积雪面积提取上构建了 NDSI-Albedo 二维特征空间,在 NDSI-Albedo 二维特征空间的基础上,构建 NDSI-NDVI 二维特征空间,提取新疆北部山区的积雪信息,并进行了精度验证(陈文倩等,2015;孙永猛等,2013);利用增强型积雪指数 ENDSI(enhanced normalized difference snow index)应用 Landsat 8 数据为遥感定量反演并精确提取积雪与雪厚开展探索研究(庞海洋等,2018)。本节在以往研究的基础上应用 Landsat TM、ETM、Landsat 8 OLI_TIRS 数据,采用在 SNOMAP 算法的基础上综合近红外波段的积雪提取方法,对太白山积雪进行反演估算,并进行精度验证。

目前学者公认的雪线包括永久雪线、瞬时雪线、季节雪线等(卡列斯尼克,1965,1982),太白山没有常年积雪,因此属于季节性雪线,中国关于雪线的研究亦较多,例如基于 Landsat TM/ETM+数据建立了通过单波段(近红外波段)阈值法提取雪线的方法,并在祁连山七一冰川实验,同时结合观测数据进行了验证(陈安安等,2014;郭忠明等,2016);使用 MOD10A1 积雪产品中的像元积雪面积比例数据,提取 2000/2001—2014/2015 年间亚洲地区冰川消融期末雪线高度,此结果可以进一步应用于冰川物质平衡估算及模拟研究中(鲍伟佳等,2017)。本节通过对提取后的积雪二值图像进行边缘提取得到了太白山雪线。

太白山位于陕西眉县、太白县、周至县三县境内,总面积为 2379 km²(图 5.19)。因山顶终年积雪,银光四射,故称太白山。太白山是秦岭山脉的主峰,是我国大陆东部的第一高峰,海拔 3771.2 m,海拔 3000 m 以上地带发育有第四纪末冰川。地貌按海拔高度划分为:黄土台塬(海拔 500~700 m),低山(海拔 700~1350 m),中山(海拔 1350~3300 m),高山(海拔 3300 m 以上)(陕西省地方志编纂委员会,2012),太白山气温随海拔高度升高而下降,气温垂直递减率平均估计在 0.4~0.6 ℃/100 m 之间。在特有的气候环境下动植物带也呈明显的垂直分布。太白县年平均气温 8.0 ℃,年降水量 737.0 mm,北麓的眉县年平均气温 12.9 ℃,年降水量 594.0 mm。

遥感数据来自美国国家航空航天局(NASA)提供的 Landsat TM、ETM 及 OLI_TIR 数据,行列号为 128~36;空间分辨率为 30 m,时间序列为 2000—2017 年,集中选取冷季(当年 11 月 1 日至次年 4 月 30 日)之间的晴空数据,其中冬季为当年 12 月 1 日至次年 2 月 28 日或者 29 日。同时应用地面观测数据统计 2000 年以来秦岭积雪日数较多的年份,2000 年以来秦岭积雪日数最多的 3 年分别是:2008 年、2000 年、2006 年;由前面的分析可以知道,2000 年以后,秦岭区域性稳定高山积雪分别出现在 2002 年冷季及 2004 年冷季。

研究方法:基于近红外波段的积雪提取算法:

$$(b_4 > T_{snow}) 同时 (NDSI > 0) \tag{5.1}$$

式中,b_4 是 TM 数据近红外波段,NDSI 为归一化积雪指数;T_{snow} 为近红外波段阈值。

①NDSI 指数:

对于 Landsat TM、ETM+影像,用第 2、5 波段的反射率(b_2,b_5)计算归一化差值积雪指数

NDSI。其公式为：

$$NDSI = (b_2 - b_5)/(b_2 + b_5) \qquad (5.2)$$

对于 Landsat TM8 数据，用第 3、6 波段的反射率（b_3、b_6）计算归一化积雪指数，其公式为：

$$NDSI = (b_3 - b_6)/(b_3 + b_6) \qquad (5.3)$$

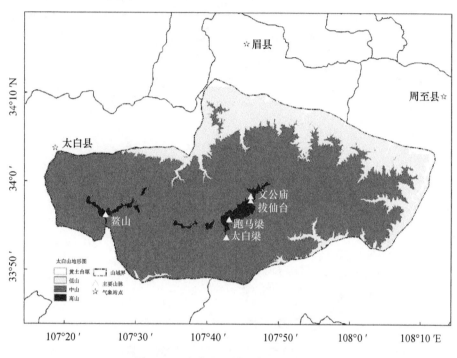

图 5.19　太白山山域和气象站分布图

②通过对研究区积雪、非积雪（森林、草地等）地物近红外反射率的提取分析，发现近红外波段积雪发射率远大于其他地物反射率，通过实验，确定研究区 T_{snow} 阈值在 0.32～0.35，所得结果通过了精度验证。

（1）秦岭太白山积雪面积变化

分析 2000—2017 年 1 月太白山 TM 卫星遥感资料得出：秦岭主峰太白山主峰积雪面积总体上在波动中呈现减少趋势，平均每 10 年减少 8.6 km²。2008 年积雪面积最大达到 79.28 km²，随后积雪面积呈持续下降趋势。从图 5.20 看出，2000—2017 年太白山积雪面积变化可分为两个阶段，2008 年以前积雪面积在波动中呈上升趋势，积雪面积均值达到 48.90 km²，2009—2017 年积雪面积在波动中呈下降趋势，均值为 35.58 km²，2008 年以后积雪面积大幅减少。从 19 世纪末到 20 世纪 80 年代，全球气温上升 0.6 ℃，这种变暖的特征在全球都很明显，尤以中高纬度更明显，20 世纪 80 年代后四季都变暖，尤以冬季增暖更明显（赵宗慈等，2018），太白山其纬度范围为 33°41′—34°12′N，主脊在 33°57′N 附近，属于中纬度地区冬季气温升温较为明显，积雪面积呈减少趋势（王娟等，2020）。

（2）太白山积雪面积与气象站积雪日数的关系

分析 2000—2016 年太白气象站积雪日数，对冬季积雪日数进行排序分析，2008 年降雪日数最多，其次是 2000 年，最少是 2014 年。将该时间段能收集到的遥感图像提取积雪面积，并进行均值处理，分析该时间段冬季太白山区积雪面积（图 5.21），2008 年积雪覆盖面积最大为 79.28 km²，积雪日数最少的 2014 年积雪面积均值为 24.28 km²，两年的降雪面积相差 55.00 km²，从图 5.21 可以看出,太白山积雪覆盖面积与积雪日数有很好的相关性,相关系数达到 0.9733,通过 0.001 检验。可见太白山冬季积雪面积与冬季积雪日数显著相关。

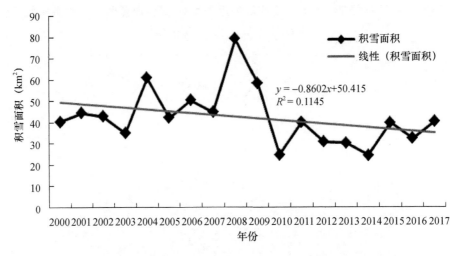

$$y = -0.8602x + 50.415$$
$$R^2 = 0.1145$$

图 5.20　秦岭主峰太白山 2000—2017 年 1 月积雪面积变化图

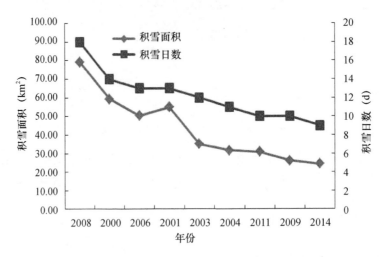

图 5.21　秦岭太白山积雪面积与积雪日数关系

1980—2016 年度秦岭区域性稳定高山积雪事件共出现过 6 次,共持续 442 d,平均持续时间为 73.7 d。进入 2000 年以后共出现两次秦岭区域性稳定性高山积雪事件,分别是 2002 年 12 月 20 日—2003 年 2 月 18 日及 2004 年 12 月 21 日—2005 年 2 月 28 日,其中 2002/2003 年冬季秦岭区域性稳定性高山积雪持续了 61 d,2004/2005 年冬季的秦岭区域稳定高山积雪事件持续了 70 d,这两次事件中太白气象站连续高山积雪持续日数都是最长的。根据以上资料,处理分析这两个时间段太白山遥感影像,得到积雪情况如图 5.22(彩)所示。

2002 年 12 月 20 日—2003 年 2 月 18 日共下载遥感图像四景,提取这一时段四景数据的积雪面积,并进行均值处理,其结果为 33.10 km²,2004 年 12 月 21 日—2005 年 2 月 28 日共下载遥感图像三景,提取积雪面积为 51.29 km²。积雪持续时间较长的冬季积雪面积较大,太白山海拔 3771.2 m,降水量较大时积雪面积较大。

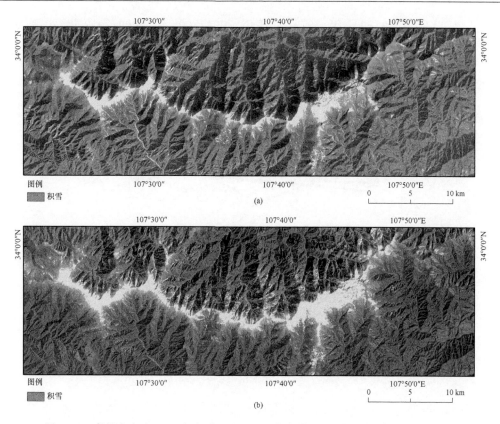

图 5.22　秦岭太白山 2002 年冬季(a)和 2004 年冬季(b)积雪面积(另见彩图 5.22)

（3）太白山冬季雪线变化特点

应用 ArcGIS 中二值图像边缘提取的方法分别提取太白山的冬季雪线,为降低误差,应用每年有明显降水前遥感图像所提取到的雪线。图 5.23（彩）是太白山 1999/2000 年冬季及 2014/2015 年冬季太白山雪线示意图,从图中可以看出 2014/2015 年冬季雪线高度明显高于 1999/2000 年冬季,1999/2000 年冬季雪线海拔高度为 3195.88 m,2014/2015 年冬季为 3447.54 m,冬季雪线海拔高度上升了 251.66 m,平均每年增加 15.73 m。

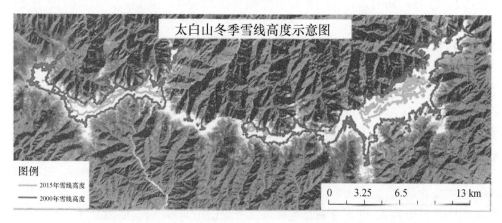

图 5.23　1999—2016 年度秦岭太白山冬季雪线示意图(另见彩图 5.23)

进一步分析可收集到 2000—2017 年冬季有明显降水前遥感数据提取出的雪线数据,分别统计 1999/2000 年、2000/2001 年、2002/2003 年、2004/2005 年、2009/2010 年、2014/2015 年冬季的雪线高度(图 5.24),冬季雪线高度呈上升趋势,年均升高速度为 2.79%。通过已有数据分析,进入 21 世纪以来,太白山冬季雪线高度均在海拔 3000 m 以上,正如 IPCC 报告中所分析,中高纬度地区冬季升温较为明显,秦岭主峰太白山虽冬季气温较低,但全球气候变暖的趋势下,气温也有所上升,导致冬季雪线上升。

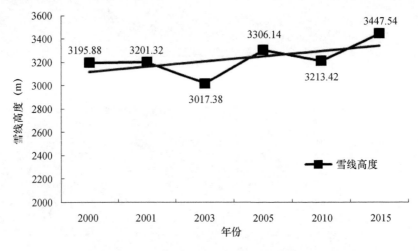

图 5.24　2000—2017 年太白山冬季雪线高度变化图

综上所述,2000—2017 年,太白山积雪面积总体上在波动中呈减少趋势,减少速率为 8.6 km²/10 a,2008 年以前太白山积雪面积在波动中呈上升趋势,积雪面积均值达到 48.90 km²,2009—2017 年积雪面积在波动中呈下降趋势,均值为 35.58 km²。进入 20 世纪 80 年代以来,全球冬季变暖加剧,尤其是中高纬度地区,太白山为秦岭主峰,对全球气候变化的响应体现在积雪面积呈减少趋势。

2000—2017 年太白山冬季降雪日数 2008 年最多(18 d),其次是 2000 年(14 d)、2014 年 (9 d)。2008 年太白山积雪覆盖面积最大 79.28 km²,降雪日数最少的 2014 年积雪面积均值为 24.28 km²,积雪面积与积雪日数有很好的相关性;秦岭两次区域性稳定高山积雪事件, 2002 年 12 月 20 日—2003 年 2 月 18 日事件积雪面积为 33.10 km²,2004 年 12 月 21 日— 2005 年 2 月 28 日事件积雪面积为 51.29 km²。太白山降雪持续时间较长且积雪日数较多的冬季积雪面积较大,印证了气候变化(降水量的增加)可使太白山积雪面积增加。

2014/2015 年冬季太白山的雪线明显高于 1999/2000 年冬季,1999/2000 年冬季雪线海拔高度为 3195.88 m,2014/2015 年冬季为 3447.54 m,后者较前者雪线海拔上升了 251.66 m。 1999/2000 年、2000/2001 年、2002/2003 年、2004/2004 年、2009/2010 年、2014/2015 年冬季太白山雪线海拔高度呈上升趋势。进入 21 世纪以来,太白山冬季雪线海拔高度均在 3000 m 以上, 在全球气候变暖的趋势下,太白山气温升高,导致冬季雪线上升。

本节应用遥感数据结合气象监测数据,分析了 2000—2017 年 1 月和 1999—2016 年度冬季太白山积雪变化情况,太白山积雪面积呈波动下降趋势,而雪线海拔高度呈上升趋势。应用遥感数据监测太白山积雪,可更直观且客观地反映太白山积雪变化,但因天气因素或其他因素不能获取所有时段遥感数据,导致长时间序列不完整、缺测,影响研究结论。

第6章　秦岭高山积雪变化成因分析

本章将在第 5 章的基础上,分析秦岭高山积雪对气候变化的响应,即高山积雪变化与气温和降水的关系。需要说明的是,本章使用的高山积雪数据来源于秦岭 32 个气象站高山积雪观测记录,气温和降水资料来源于秦岭 32 个气象站地面观测资料。由前面分析可知,秦岭各气象站气温和海拔高度有着非常显著的线性关系,降水量变化与海拔高度相关。在缺乏长时间序列高山气温和降水观测数据的情况下,这样的分析是可行的,也是有一定意义的。后面第 7 章还将利用近几年新建的秦岭高山自动气象站部分监测数据针对具体事件进一步分析说明。

6.1　秦岭高山积雪变化与气温和降水的关系

6.1.1　秦岭高山积雪变化与气温、降水的关系

由秦岭 32 个气象站 1980—2016 年度高山积雪日数、积雪初日、积雪终日、积雪初终间日数与全年和不同季节平均气温、降水量的相关系数(表 6.1)可知,高山积雪与平均气温相关性非常显著。高山积雪日数与年度平均气温、秋季平均气温、冬季平均气温、春季平均气温都有显著的负相关,冬季降水量的多少也影响到高山积雪日数变化,冬季降水量的增加使得积雪日数增多,存在明显的正相关;秦岭高山积雪初日主要发生在秋季,秋季气温的升高使得积雪初日推迟;积雪终日多发生在冬季末或者春季,其与气温各时段平均气温相关性均非常显著;秦岭高山积雪开始于秋季,到次年春季结束,积雪初终间日数与年度平均气温、秋季平均气温、春季平均气温的相关性均通过了 $\alpha=0.01$ 的显著性检验。海拔升高,气温降低,降水中降雪的占比增多,高山积雪记录统计结果更加接近秦岭高山积雪事实,与气温和降水量的相关性较秦岭中、低山更显著。

表 6.1　秦岭高山积雪与平均气温、降水量相关系数

项目	平均气温				降水量			
	年度	秋季	冬季	春季	年度	秋季	冬季	春季
积雪日数	−0.75***	−0.58***	−0.58***	−0.61***	−0.08	−0.1	0.42***	0.20
积雪初日	0.47***	0.56***	0.14	0.43***	0.13	0.02	−0.07	0.17
积雪终日	−0.72***	−0.45***	−0.41***	−0.74***	−0.02	−0.19	0.07	0.1
初终间日数	−0.67***	−0.59***	−0.32**	−0.67***	−0.08	−0.13	0.09	−0.03

注:** 表示通过 $\alpha=0.05$ 的显著性检验,*** 表示通过 $\alpha=0.01$ 的显著性检验。

6.1.2　秦岭少高山积雪年和多高山积雪年气温、降水特点

为了研究秦岭少高山积雪年、多高山积雪年积雪分布特征及其与气温和降水量的关系,分别将多高山积雪年、少高山积雪年的积雪日数、气温、降水量对 1980—2016 年度 37 a 平均值求距平并进行合成,绘制秦岭积雪日数、平均气温、降水量距平分布图。

1980—2016 年度,秦岭高山积雪日数最多的 5 a 分别为 1989 年度、1988 年度、1993 年度、1984 年度、1994 年度,平均每站年高山积雪日数在 40.4～47.6 d。1989 年度秦岭高山年总积雪日数 1522 d,平均每站 47.6 d,其中太白 162 d,汉阴 116 d,14 个气象站高山积雪日数达到 50 d 以上,城固、洋县、安康没有观测到高山积雪;1988 年度高山积雪总日数 1449 d,平均每站 45.3 d,其中太白 151 d,洛南 94 d,汉阴 89 d,有 16 个气象站高山积雪日数达到 50 d 以上,有 23 个气象站积雪日数达到 20 d 以上,洋县没有观测到高山积雪;1993 年度高山积雪总日数 1404 d,平均每站 43.9 d,其中太白 165 d,汉阴 128 d,山阳 110 d,有 9 个气象站高山积雪日数达到 50 d 以上,有 22 个气象站高山积雪日数达到 20 d 以上,年度内鄠邑没有观测到积雪;1984 年度高山积雪总日数 1366 d,平均每站 42.7 d,其中太白 164 d,汉阴 131 d,山阳 128 d,有 10 个气象站高山积雪日数达到 50 d 以上;1994 年度 32 个气象站观测到的高山积雪共 1292 d,平均每站 40.4 d,其中太白 157 d,汉阴 115 d,有 12 个气象站高山积雪日数达到 50 d 以上。在这 5 个多高山积雪年度中,太白高山积雪日数最多,汉阴次之,山阳第三,鄠邑高山积雪日数最少,洋县次之,城固第三(图 6.1)。

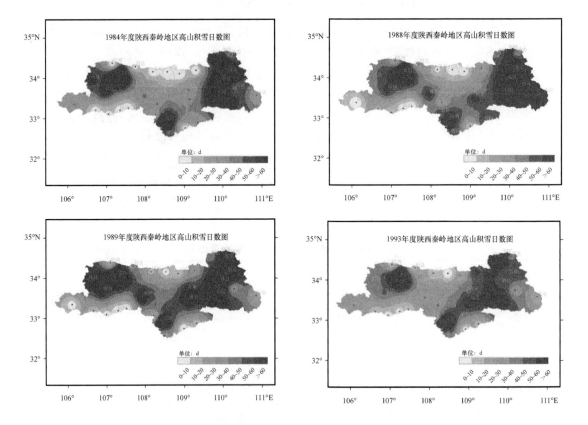

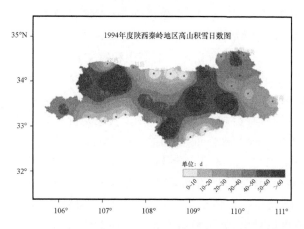

图 6.1 1980—2016 年度秦岭 5 个多高山积雪年高山积雪日数分布图

对秦岭 1989 年度、1988 年度、1993 年度、1984 年度和 1994 年度 5 个多高山积雪年高山积雪日数、平均气温、降水量距平进行合成分析,发现秦岭北坡西部和南坡西南部 5 个年度平均积雪日数少于 1980—2016 年度平均值,其他地区多于 37 a 平均值,其中秦岭中部、东部和西南部积雪日数比 37 a 平均积雪日数多 30 d 以上,凤县、留坝、佛坪、山阳、华州、华阴、洛南积雪日数都明显偏多;秦岭 5 个多高山积雪年度平均气温全部低于多年平均气温,偏低 0.1~1 ℃,其中西部的佛坪和东南部的旬阳低 1 ℃;多高山积雪年度降水量呈现出秦岭西南部和东部偏多,中部和西北部偏少,东部降水量偏多的地区,积雪日数也偏多。也就是说,秦岭 5 个多高山积雪年积雪日数多,其中秦岭东部高山积雪日数偏多对整个秦岭高山积雪日数多的贡献较大(图 6.2(彩))。

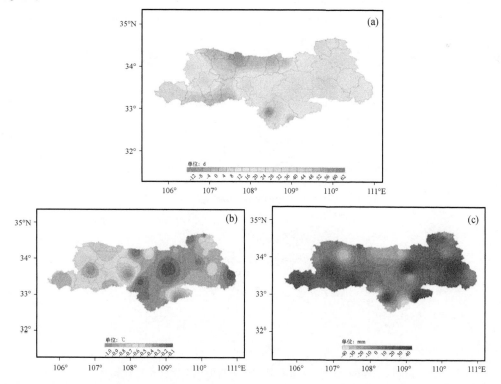

图 6.2 秦岭 5 个多高山积雪年度积雪日数(a)、平均气温(b)、降水量(c)距平合成图(另见彩图 6.2)

　　1998 年度、2015 年度、2008 年度、2014 年度和 2016 年度是 1980—2016 年度秦岭高山积雪日数最少的 5 个年度,平均每站高山积雪日数在 5.9～10.6 d。1998 年度秦岭 32 个气象站高山积雪总日数最少为 190 d,平均每站 5.9 d,高山积雪主要出现在太白 58 d、眉县 47 d,其余气象站观测到的高山积雪日数没有超过 20 d,有 4 个气象站超过 10 d,有 17 个站没有观测到高山积雪;2015 年度秦岭高山积雪日数共 282 d,平均每站 8.8 d,主要分布在太白 125 d、华山 52 d,有 6 个气象站高山积雪日数超过 10 d,有 13 个气象站没有高山积雪;2008 年度秦岭高山积雪共 302 d,平均每站 9.4 d,主要分布在太白 142 d、华山 38 d,有 16 个气象站没有高山积雪出现;2014 年度共有高山积雪 324 d,平均每站 10.1 d,其中太白 138 d、华山 51 d、洛南 25 d,12 个气象站没有出现高山积雪;2016 年度高山积雪日数共有 340 d,平均每站 10.6 d,主要还是分布在太白 174 d、洛南 33 d、华山 28 d,有 14 个气象站年度内没有观测到高山积雪(图 6.3)。从上述分析可以看出,高山积雪主要分布在秦岭西北部和东北部,西南部和东南部也有部分高山积雪,秦岭南部高山积雪较少。秦岭 32 个气象站中,高山积雪主要分布在太白,

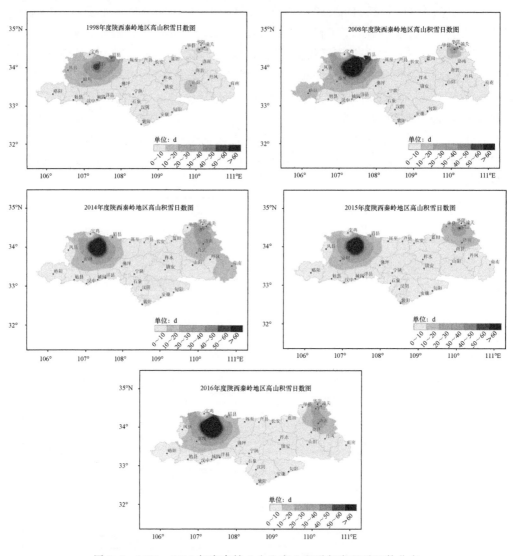

图 6.3　1980—2016 年度秦岭 5 个少高山积雪年度积雪日数分布

华山次之,这与秦岭中、低山积雪分布不同,主要是因为太白山为秦岭最高峰,海拔高度高,太白气象站所处位置高度较高,太白气象站成为秦岭观测到高山积雪日数最多的气象站。综合前面分析可知,秦岭高山积雪最多的地方在太白山,在太白山螯山至拔仙台之间的秦岭主梁及其附近的高山上,这里也是秦岭气温最低、最冷的地方。

对 1998 年度、2015 年度、2008 年度、2014 年度和 2016 年度秦岭 5 个少高山积雪年度的高山积雪日数、平均气温、降水距平合成分析结果表明,秦岭少高山积雪年各地积雪日数均少于多年平均积雪日数,秦岭北坡中部和南坡西部与多年平均值差别较小,北坡西部和东部、南坡南部与多年平均值差别较大,尤其是西南部的山阳,较多年平均积雪日数少 50 d,秦岭南坡南部汉阴少 43 d;5 个少高山积雪年度秦岭中部平均气温与多年平均值差别较小,秦岭西部和东部气温偏高明显,尤其是西部气温偏高明显对秦岭北坡太白气象站高山积雪日数影响明显;5 个少高山积雪年秦岭中部和东部地区降水量多于多年平均降水量,西部和南部较少(图 6.4)。

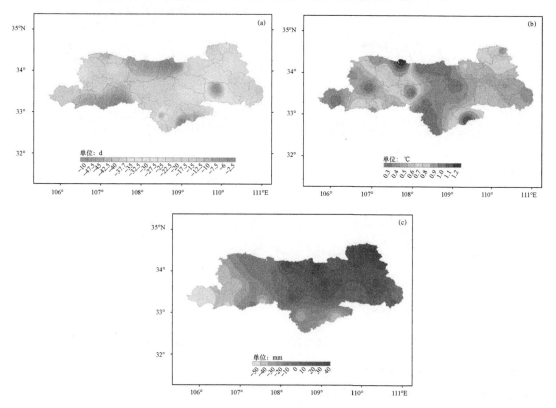

图 6.4 秦岭 5 个少高山积雪年度积雪日数(a)、平均气温(b)、降水(c)距平合成图(另见彩图 6.4)

总之,积雪作为气候变化最敏感的因子,对气候变化做出明显的响应。秦岭 1961—2016 年度 32 个气象站平均气温为 13.2 ℃,56 a 以来呈升高趋势,平均以 0.2 ℃/10 a 的速度上升,通过了 $\alpha=0.01$ 的显著性检验。通过 Mann-Kendall 检验,得出在 1998 年前后发生突变,与秦岭地面积雪日数突变年相同。56 a 来降水量呈减少趋势,平均以 8.8 mm/10 a 的速度减少,通过 $\alpha=0.5$ 的相关性检验,未有发生明显突变年。1980—2016 年度秦岭高山积雪与平均气温相关性显著,存在明显的负相关,与降水量相关性比较小,仅与冬季降水量存在一定的正相关。无论是秦岭中、低山积雪还是高山积雪,均与年均气温、秋季平均气温、冬季平均气温有非常高的相关性,通过了 $\alpha=0.01$ 的显著性检验。

6.2 秦岭区域性高山积雪事件与气温、降水的关系

6.2.1 区域性高山积雪事件与气温、降水的关系

气温的高低与降水量的大小直接影响积雪的多少,进而影响积雪事件的次数,气温升高与降水量减少都会造成积雪事件次数减少。1980—2016 年度,秦岭年平均气温呈升高趋势,增幅为 0.40 ℃/10 a,冷季平均气温也为升高趋势,增幅为 0.42 ℃/10 a。年度降水量与冷季降水量 37 a 来波动较大,但整体变化趋势不明显,未通过显著性水平检验(图 6.5)。

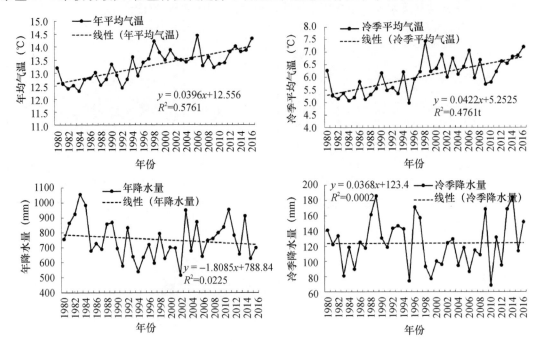

图 6.5 秦岭 1980—2016 年度全年和冷季平均气温、降水量变化图

秦岭区域性高山积雪事件次数变化与气温变化呈现负相关,其与秦岭年度平均气温、冷季平均气温的相关系数都通过了 0.01 的显著性水平检验(表 6.2)。

表 6.2 秦岭 1980—2016 年度秦岭区域性高山积雪事件次数与气温、降水相关系数及变化趋势

	气温与积雪事件次数相关系数		线性变化率	
	相关系数	显著性水平	气温(℃/10 a)	降水(mm/10 a)
年度	−0.39	0.01	0.40	−18.1
冷季	−0.47	0.003	0.42	0.37

6.2.2 区域性稳定积雪事件与气温和降水的关系

秦岭 6 次区域性稳定高山积雪事件最早的出现时间为 12 月 11 日,最晚的结束时间为次

年 3 月 17 日,定义 12 月 11 日至次年 3 月 17 日为秦岭区域性稳定高山积雪出现时段。在
1980—2016 年度中,1988 年度、1989 年度、1992 年度、1994 年度、2002 年度、2004 年度秦岭出
现了区域性高山稳定积雪事件,如图 6.6 所示,这 6 a 秦岭区域性稳定积雪出现时段 32 个气
象站平均气温均低于同期秦岭 1980—2016 年度 32 个气象站平均气温的 37 a 平均值。1988
年度、1989 年度、1992 年度、2002 年度秦岭区域性稳定积雪出现时段 32 站平均降水量均远高
于 1980—2016 年度同期平均降水量的 37 a 平均值。1994 年度、2004 年度降水偏少,但偏少
幅度比较小,接近多年平均值,其中,1994 年度偏少幅度相对较大,秦岭该年的区域性高山稳
定积雪事件也是 6 次事件中最弱的(韩婷等,2020)。

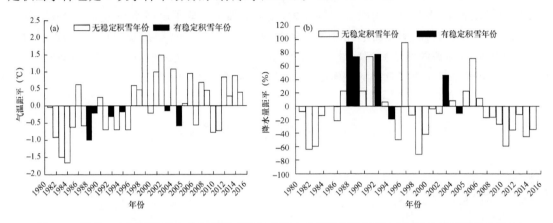

图 6.6　秦岭 6 次区域性高山稳定积雪事件与事件出现时段气温距平(a)和降水量距平百分率(b)

本章利用 1980—2016 年度秦岭 32 个气象站高山积雪观测记录统计结果和气象站地面气
温和降水观测资料分析了秦岭高山积雪日数和区域性高山积雪事件次数变化等与同期平均气
温、降水量变化的关系。采取这样的分析方法属无奈之举,本身是不严格的。但在只有从气象
站高山积雪观测记录中得到的秦岭较长时间的高山积雪日数和区域性高山积雪事件资料序
列,只有同期气象站地面气温和降水观测资料的前提下,在秦岭各个时段气温和降水随海拔高
度升高具有规律性变化,气温随海拔高度线性变化趋势非常明显的情况下,这样的分析存在可
操作性和一定的合理性,可以得到秦岭高山积雪日数和区域性高山积雪事件次数变化等与同
期平均气温、降水量变化的最基本的关系。今后,随着秦岭新建高山自动气象站气温和降水资
料的不断积累,对秦岭高山积雪变化与气温、降水变化关系研究将会不断深入和细致。

第7章　秦岭典型区域积雪变化及其成因分析

前面几章给出了秦岭积雪变化的总体特征及其对气候变化的响应情况,鉴于秦岭海拔高,地形地貌复杂多样,天气气候时空分布差异大,为了更加深入地了解秦岭积雪变化及其对气候变化响应的区域差异性,本章将利用气象站观测数据、高山积雪观测记录、卫星遥感资料对秦岭气候垂直差异显著的两个典型区域——太白山和华山积雪变化对气候变化响应单独进行详细分析,以期更加深入地了解秦岭积雪变化及其对气候变化的响应情况。

7.1　太白山积雪变化与气温和降水的关系分析

7.1.1　研究区域和资料方法

太白山是秦岭主峰,最高峰拔仙台海拔 3771.2 m,是中国大陆东部第一高山,自古就有"太白积雪六月天"之说,是秦岭积雪最多的地方。气候变暖背景下太白山的积雪变化情况备受关注。2015 年 6 月"应对气候变化·记录中国——走进陕西"媒体联合科学考察与公众科普活动对太白山积雪变化情况非常关注。

太白山地跨陕西省眉县、太白县、周至县 16 个乡(镇),山域面积 2379 km²,地理坐标界于 33°41′—34°12′N 和 107°15′—108°14′E 之间。山域内秦岭主梁横亘东西,长约 120 km,有支脉 7 条,支梁 60 余条,海拔 3000 m 以上高峰 54 座;地貌、土壤、气候、植被等类型多样,垂直分布带明显。地貌按海拔高度划分为高山、中山、低山、黄土台塬四种类型。太白山西部中山区建有太白气象站,位于太白县咀头镇东南方乡村,海拔 1543.6 m,有 53 a 的逐日地面积雪观测资料和 35 a 的高山积雪观测记录。1962—2014 年平均气温:冬季 1 月 −4.3 ℃,夏季 7 月 19.2 ℃,全年 8.0 ℃;降水量冬季 1 月 3.9 mm,夏季 7 月 140.6 mm,全年 737.0 mm。眉县气象站位于太白山北麓,眉县城关镇南门外,海拔 517.6 m。眉县气象站有 55 a 的逐日地面积雪观测资料和 35 a 的高山积雪观测记录。1980—2014 年平均气温:冬季 1 月 −0.4 ℃,夏季 7 月 25.4 ℃,全年 12.9 ℃;降水量冬季 1 月 4.6 mm,夏季 7 月 89.9 mm,全年 594.0 mm。

本章气象观测资料同样来源于陕西省气象信息中心,按照中国气象局《地面气象观测规范》观测,经过严格的质量审核。遥感数据来自美国国家航空航天局(NASA)提供的 1988—2010 年 Landsat TM 数据,行列号为 128~36,空间分辨率为 30 m。太白气象站 1962—2014 年逐日气温、降水、地面积雪观测资料用于太白山西部中山区积雪变化及其与气温、降水变化关系的分析,1980—2014 年高山积雪观测记录用于太白山西部高山区积雪变化分析。眉县气象站 1980—2014 年高山积雪观测记录用于太白山中部高山区积雪变化的分析。同样,定义年度为当年 7 月 1 日至次年 6 月 30 日,冷季为当年 11 月 1 日至次年 4 月 30 日,冬季为当年 12 月 1 日至次年 2 月 28 日或者 29 日;累积雪深为逐日积雪深度之和;有积雪的日期称为积雪日,连续多日有积雪且中间无间断为连续积雪,按年或者年度、冷季、冬季和月统计积雪日数,按年度统计最长连续积雪日数。

本章采用的统计方法主要有线性趋势分析、相关分析和最大值分析等;分析卫星遥感数据时,对 TM 数据进行几何校正处理,统一投影,将太白山主要积雪地区作为兴趣区进行裁剪,逐年根据同一兴趣区进行裁剪。采用监督分类和目视判读相结合的方法对卫星影像进行解译,得到积雪区域和非积雪区域,然后再利用监督分类和目视判读相结合的方法,对积雪区域进行划分,分为深雪区域及浅雪区域。

7.1.2　太白山积雪变化特征

(1)太白山西部中山区积雪变化

1962—2013 年度西部中山区(太白气象站)积雪初日推迟,终日提前,初终间日数减少。1962—2013 年度积雪初日最早出现在 10 月 11 日(1968 年度),最晚出现在次年 1 月 4 日(2005 年度),多年平均出现日期 11 月 12 日,呈现明显的推迟趋势,推迟率 4.1 d/10 a(积雪初日与时间相关系数 $r=0.36$,下同),通过信度为 0.01 的显著性检验;终日最早出现在 2 月 28 日(1996 年度),最晚出现在 5 月 13 日(1981 年度),平均出现日期 4 月 4 日,呈波动提前趋势,提前率 2.3 d/10 a($r=-0.23$)。初终间日数最多 199 d(1981 年度),最少 87 d(1988 年度),平均 144.8 d,呈现明显的波动减少趋势,减少率 6 d/10 a($r=-0.37$,图 7.1)。

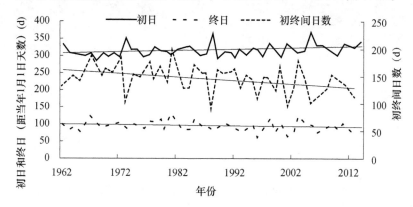

图 7.1　1962—2013 年度太白山西部中山区历年积雪初日、终日和初终间日数变化图

1962—2013 年度西部中山区积雪日数减少,深度变浅。1962—2013 年度年积雪日数最多 54 d(1967 年度),最少 7 d(1998 年度),平均 33.7 d,呈现明显的减少趋势,减少率 3.2 d/10 a($r=-0.41$);1962—2014 年积雪日数最多的 10 个年份没有一个出现在 21 世纪及其以后,最少的 10 个年份有 5 个出现在 21 世纪以后(图 7.2)。2008 年积雪日数 35 d,为近 10 a 最多,其中 1—2 月(低温冰雪冻害时段)32 d。

太白山西部中山区 1962—2014 年各月平均积雪日数 2 月最多达 7.8 d,6—9 月为 0 d,其他月份为 0.1~6.0 d。

各月积雪日数 1 月和 5 月变化不明显,其他月份呈减少趋势,减少率 0.1~1.0 d/10 a(图 7.3)。

1962—2013 年度西部中山区最长连续积雪日数最大值 24 d,出现在 2008 年 1 月 11 日至 2 月 3 日,最小值 2 d,出现在 1998 年 12 月 2—3 日,平均为 8.3 d,变化趋势不明显,减少率为 2 d/10 a($r=-0.07$)(图 7.4)。

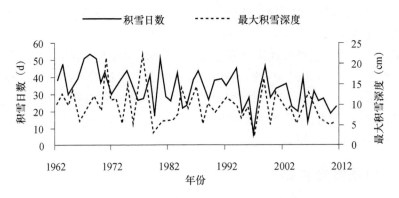

图 7.2　1962—2014 年太白山西部中山区年积雪日数和最大积雪深度变化图

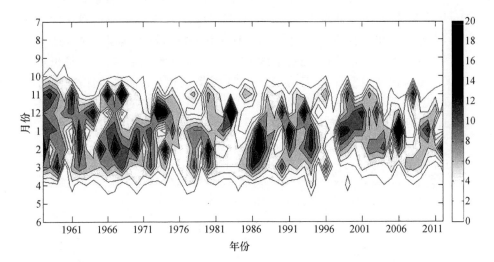

图 7.3　1962—2013 年度太白山西部中山区各月积雪日数(d)变化图

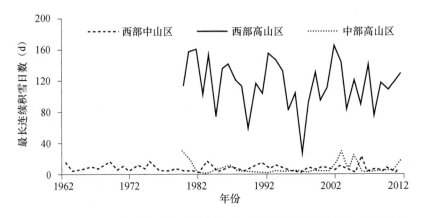

图 7.4　1962—2013 年度太白山西部中山区、高山区最长连续积雪日数变化图

1961—2014 年年最大积雪深度最大值 23 cm(1979 年),最小值 2 cm(1999 年),呈波动减少趋势,减少率为 1.5 cm/10 a(相关系数 $r=-0.28$,下同)。2008 年最大积雪深度 13 cm,为近 10 a 最大值。年逐日积雪深度和各月最大积雪深度呈现波动减少趋势(图 7.5、图 7.6)。各

年代不同等级积雪深度天数总体呈现减少趋势,积雪深度小于 5 cm 日数 20 世纪 60 年代最多达 26.6 d,近 4 a 最少 15.5 d(表 7.1)。

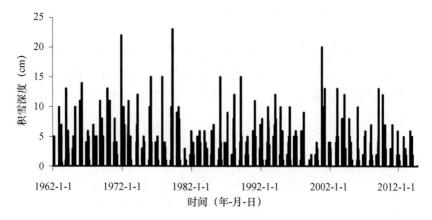

图 7.5　太白山西部中山区 1962—2014 年逐日积雪深度

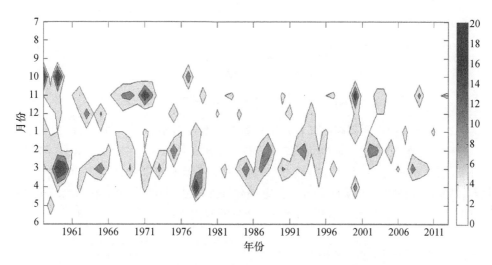

图 7.6　太白山西部中山区 1962—2014 年历年各月最大积雪深度(cm)变化图

表 7.1　太白山西部中山区各年代不同等级积雪深度(s)积雪日数　　　　(单位:d)

年代	$s \leqslant 5$ cm	5 cm$<s \leqslant$10 cm	10 cm$<s \leqslant$15 cm	15 cm$<s \leqslant$20 cm	$s>$20 cm
1962—1970 年	26.6	2.8	0.8	0	0
1971—1980 年	19.4	3.3	0.4	0	0.2
1981—1990 年	21.1	1.9	0.5	0	0
1991—2000 年	18.9	1.9	0.3	0.3	0
2001—2010 年	18.3	2.1	0.6	0	0
2011—2014 年	15.5	1.3	0	0	0
1962—2014 年	20.3	2.3	0.5	0.1	0

(2)太白山西部高山区积雪变化

1980—2014 年 35 a 间太白山西部高山积雪初日最早出现在 1983 年 7 月 13 日,最晚出现在 2006 年 11 月 25 日,平均出现日期为 10 月 6 日,呈现明显的推迟趋势,推迟率为 15.6 d/10 a

(r=0.52),通过信度为 0.01 的显著性检验;终日最早出现在 1980 年 12 月 31 日(1981 年度),最晚出现在 6 月 30 日(1989 年度),平均出现日期 5 月 10 日,推迟趋势不明显,推迟率为 2.9 d/10 a(r=0.15);初终间日数最多 307 d(1990 年度),最少 88 d(1981 年度),平均 216 d,呈现减少趋势,减少率为 12.2 d/10 a(r=$-$0.28)。

1980—2014 年太白山西部年高山积雪日数最多 198 d(1987 年),最少 81 d(1999 年),平均 153.6 d,是中山区的 4.6 倍,与卫星监测太白山积雪主要分布在海拔 3000 m 以上山顶及山梁两侧相互印证。年积雪日数呈现波动减少趋势,减少率为 8.9 d/10 a(r=$-$0.33),相对平均值减少 5% 以上(图 7.7)。

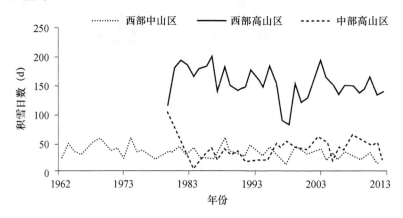

图 7.7　太白山 1980—2014 年年高山积雪日数(d)变化图

1980—2014 年太白山西部高山区各月平均积雪日数 1 月最多 29.7 d,3 月、12 月、2 月 20 d以上,11 月和 4 月在 10 d 以上,10 月 5.7 d,5 月 3.1 d,9 月 0.3 d,6 月 0.2 d。7 月仅 1983 年7 月 13 日出现 1 次积雪,8 月没有出现过积雪。各年代年平均积雪日数 1980—1989 年最多,平均每年 172.1 d,1990—1999 年最少,平均每年 142.7 d,2000—2009 年平均每年 151.0 d,2010—2014 年平均每年 143.8 d,近 10 年 6—9 月没有出现高山积雪(图 7.8)。

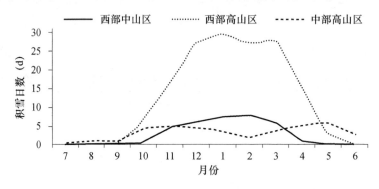

图 7.8　1980—2014 年太白山各月平均高山积雪日数分布图

1980—2014 年太白山西部高山区年度最长连续积雪日数最大值 164 d(2003 年度),最小值 27 d(1998 年度),平均值 115.6 d,呈减少趋势,减少率 4.8 d/10 a(r=$-$0.15)。

(3)太白山中部高山区积雪变化

1980—2014 年 35 a 间太白山中部高山区高山积雪初日最早出现在 7 月 1 日(2000 年度,2009 年度,2010 年度),最晚出现在次年 1 月 27 日(1995 年度),平均出现日期为 9 月 17 日,呈提前趋势,提前率为 9.6 d/10 a(r=-0.19);终日最早出现在 1998 年 4 月 12 日,最晚出现在 6 月 30 日(1990 年度,2001 年度,2002 年度),平均出现日期 6 月 4 日,变化趋势不明显,推迟率 2.2 d/10 a(r=0.10);初终间日数最多 364 d(2000 年度),最少 118 d(2006 年度),平均 258 d,增加趋势不明显,增加率 10.6 d/10 a(r=0.17)。

1980—2014 年太白山中部高山区年积雪日数最多 102 d(1980 年),最少 7 d(1984 年),平均 39.5 d,先下降后上升,总的变化趋势不明显。1980—2013 年度最长连续积雪日数最大值 32 d(2004 年度),最小值 2 d(1983 年度,1984 年度,1993 年度),平均 7.9 d,变化趋势不明显。

1980—2014 年太白山中部高山区各月平均积雪日数 5 月最多 5.9 d,4 月、11 月 5 d 以上,8 月无积雪,其他月份 0.5～5 d(图 7.8)。各年代年平均积雪日数 1980—1989 年 41.1 d,1990—1999 年 30.2 d,2000—2009 年 44.8 d,2010—2014 年 44.0 d。7 月出现积雪 16 d,其中 2003 年 7 月 3—5 日连续 3 d 积雪。

(4)太白山积雪面积变化

本节遥感数据来自美国地质勘探局官网(http://earthexplorer.usgs.gov)提供的 1989—2016 年 Landsat TM 和 ETM+影像数据,行列号为 126～36,空间分辨率为 30 m,时间分辨率为 16 d。遥感数据处理方法:利用 ENVI 软件的 FLAASH 模块对 TM 和 ETM+图像进行大气校正,并根据研究区地理特征,在研究区选取 20 个控制点采用多项式模型进行几何精校正。经上述预处理后,利用 TM 影像 4、3、2 三个波段合成标准假彩色图像,得到研究区影像图。采用归一化差分积雪指数进行积雪信息的提取,归一化差分积雪指数法是基于积雪对可见光与短波红外波段的反射特性和反射差的相对大小的一种测量方法。对于 Landsat TM、ETM+影像,用第 2、5 波段的反射率计算归一化差分积雪指数(I_{nds})(公式(7.1)),参考 I_{nds} 阈值设定在 0.3～0.4 之间的标准,结合目视判读的结果,将 I_{nds} 阈值确定为 0.4。并加入积雪识别的另外一个判别因子($b_4 \geqslant 0.11$),其中 b_4 为 Landsat TM 的第 4 波段(近红外波段)的反射率,按照决策树分类方法将云层与积雪分开,将积雪区域划分为浅雪区与深雪区,当满足 $I_{nds} \geqslant 0.4$ 且 $b_4 \geqslant 0.11$ 时,该像元被识别为积雪。当 $0.4 \leqslant I_{nds} \leqslant 0.6$,将其定义为浅雪区,当 $I_{nds} > 0.6$ 时,将其定义为深雪区。

$$I_{nds} = \frac{\rho_2 - \rho_5}{\rho_2 + \rho_5} \tag{7.1}$$

式中,ρ_2、ρ_5 分别为积雪的强反射与强吸收光谱波段的反射率。

1988—2010 年卫星遥感监测资料分析结果显示太白山积雪面积呈现波动减少的趋势(表 7.2),这一结论与上述积雪日数变化分析结果相互印证。

表 7.2　卫星监测太白山积雪面积　　　　　　(单位:km²)

时间 (年-月-日)	卫星监测积雪 面积(km²)	太白气象站地面 积雪深度(cm)	太白气象站 高山积雪观测记录	眉县气象站 高山积雪观测记录
1988-01-19	95.97	0	测站南面、东面、冻山上有积雪	南面秦岭山有积雪
1992-02-15	118.72	0	测站南面高山有积雪	测站南面太白山有积雪
1994-01-20	102.63	5	测站四周高山有积雪	测站南面太白山有积雪
2000-02-05	81.83	0	测站东南面、西北面高山有积雪	没有观测到高山积雪
2003-01-28	106.7	1	测站四周高山有积雪	测站南面太白山有积雪
2007-01-07	91.63	0	测站东南、南方高山阴坡有积雪	测站南面太白山有积雪
2010-01-15	89.93	0	测站东南、南方高山山顶有积雪	没有观测到高山积雪

　　2010 年太白山积雪区面积略多于 2000 年,但 2010 年深雪区面积 23.62 km²,占积雪区面积的 26.3%,而 2000 年深雪区面积 51.14 km²,占积雪区面积的 62.5%。2010 年深雪区面积比例明显小于 2000 年(图 7.9(彩))。

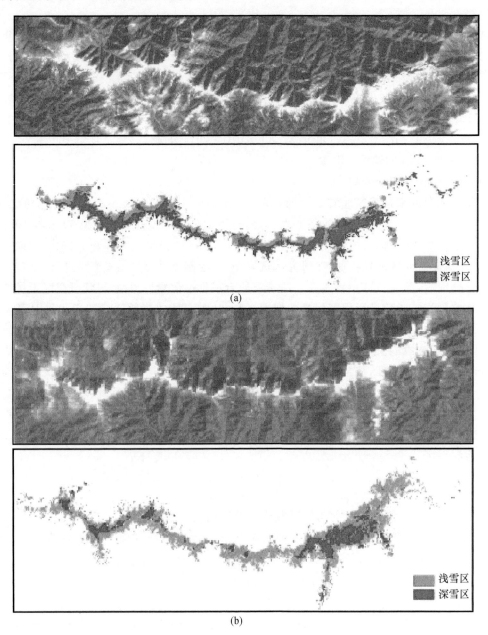

图 7.9　太白山 2000 年(a)和 2010 年(b)积雪分布图(另见彩图 7.9)

7.1.3　太白山积雪变化成因分析

　　一般情况下,如果气温在 0 ℃左右,就容易出现降雪,降水量越大,气温越低,越有利于积雪的累积和持续。从积雪的形成过程可以看出积雪与气温和降水的关系最为密切,而且与气温呈负相关,与降水呈正相关,这种相关程度在不同的地区和不同的时段表现各不相同。太白山西部中山区冷季累积雪深(累积积雪深度)最大值为 178 cm(1975 年度),最小值为 4 cm(1998 年度),平均为 70.5 cm,呈明显的波动减少趋势,减少率为 8.6 cm/10 a($r=-0.36$)。

太白山西部中山区冷季积雪日数和累积雪深占年度总日数和总雪深的比例在 99% 左右,冬季积雪日数和累积雪深分别占年度总日数和总雪深的 64% 和 57%。说明太白山西部中山区积雪主要出现在冷季,冷季积雪又以冬季为主(表 7.3)。

表 7.3　太白山西部中山区 1962—2013 年度积雪日数和平均气温、降水量变化趋势

时段	平均值				
	积雪日数(d)	累积雪深(cm)	平均气温(℃)	降水量(mm)	有效降雪(mm)
年度	33.7	70.5	8.0	737.0	35.4
冷季	33.2	70.0	1.0	104.1	33.7
冬季	21.5	39.9	−3.0	16.2	12.4
时段	线性变化率				
	积雪日数(d/10 a)	累积雪深(cm/10 a)	平均气温(℃/10 a)	降水量(mm/10 a)	有效降雪(mm/10 a)
年度	−3.2	−8.6	0.3	−12.9	−1.4
冷季	−3.0	−8.5	0.4	−9.1	−1.3
冬季	−1.1	−3.3	0.4	2.3	1.3
时段	与时间相关系数				
	积雪日数	累积雪深	平均气温	降水量	有效降雪
年度	−0.46	−0.36	0.75	−0.13	−0.14
冷季	−0.46	−0.35	0.66	−0.45	−0.13
冬季	−0.19	−0.16	0.55	0.39	0.25

表 7.4　太白山西部中山区积雪日数和累积雪深与气温和降水相关系数

要素	年度					
	积雪日数	累积雪深	平均气温	降水量	降雪日数	有效降雪量
积雪日数	1.00					
累积雪深	0.71	1.00				
平均气温	−0.59	−0.43	1.00			
降水量	0.05	0.06	−0.19	1.00		
降雪日数	0.66	0.32	−0.62	0.17	1.00	
有效降雪量	0.40	0.52	−0.12	0.22	0.14	1.00
	冷季					
	积雪日数	累积雪深	平均气温	降水量	降雪日数	有效降雪量
积雪日数	1.00					
累积雪深	0.72	1.00				
平均气温	−0.64	−0.46	1.00			
降水量	0.24	0.27	−0.25	1.00		
降雪日数	0.70	0.32	−0.56	0.19	1.00	
有效降雪量	0.34	0.55	−0.17	0.22	0.06	1.00

续表

	冬季					
	积雪日数	累积雪深	平均气温	降水量	降雪日数	有效降雪量
积雪日数	1.00					
累积雪深	0.78	1.00				
平均气温	−0.48	−0.38	1.00			
降水量	0.43	0.54	0.12	1.00		
降雪日数	0.74	0.47	−0.51	0.15	1.00	
有效降雪量	0.53	0.64	−0.03	0.95	0.22	1.00

　　由表 7.3、表 7.4 可知,西部中山区年度积雪日数和累积雪深减少趋势明显,都通过 0.01 显著性检验,年度积雪日数和累积雪深变化趋势一致,两者相关系数达到 0.71,积雪日数减少趋势相对于累积雪深更加明显。年度平均气温升高趋势明显,降水呈现波动减少趋势,但减少趋势不明显,没有通过 0.10 显著性检验。年度积雪日数和累积雪深减少与平均气温升高关系密切,与降水量减少关系不明显,年度平均气温升高是西部中山区积雪减少的主要原因。西部中山区冷季降水量占年度总降水量的比例不足 15%,年度积雪日数和累积雪深减少与降水量减少关系不明显比较容易理解。

　　冷季积雪日数和累积雪深减少趋势明显,积雪日数减少趋势更明显,两者相关系数 0.72,变化趋势一致。冷季平均气温升高趋势非常明显,降水减少趋势明显。冷季积雪日数和累积雪深减少与平均气温升高关系非常密切,通过 0.001 显著性检验,与降水量有一定的相关关系。冷季平均气温升高是太白山西部中山区积雪减少的最主要原因,降水量的减少加剧了积雪的减少(图 7.10)。

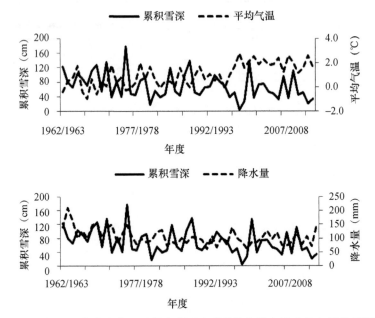

图 7.10　1962—2013 年度太白山西部中山区冷季平均气温和降水量与累积雪深变化图

　　冬季积雪日数和累积雪深减少趋势不明显,没有通过 0.10 显著性检验,积雪日数和累积雪深相关系数为 0.78。冬季平均气温升高趋势非常明显,降水没有减少反而呈增加趋势,且增加趋势明显,通过 0.005 显著性检验。冬季积雪日数和累积雪深变化与平均气温变化关系密切,与降水量变化关系比较密切。冬季平均气温升高使西部中山区积雪减少,冬季降水增加使积雪增加,综合结果是西部中山区积雪呈减少趋势,但减少趋势不明显。

定义有效降雪量为满足当日有≥0.1 mm 降雪且同日观测到≥1 cm 积雪所有日期降水量之和。由表 7.4 可知年度、冷季和冬季积雪日数、累积雪深和同期降雪日数、有效降雪量都有比较明显的正相关关系。

综上所述,太白山西部中山区年度积雪主要集中在冷季,冷季气温升高,降水减少,积雪减少明显,而冬季气温升高,降水增加,积雪减少不明显,说明太白山西部中山区积雪减少趋势最明显的时段是冷季除冬季以外的其他 3 个月份,即 11 月、3 月、4 月。各月资料分析表明 10 月、11 月、3 月、4 月平均气温明显升高,降水减少,积雪日数减少明显,其中 11 月、3 月积雪日数相对于其平均值的减少率≥10%/10 a,4 月、10 月大于 20%/10 a。气温升高是太白山积雪减少的主要原因,积雪减少将影响太白山独特的气候特点、水资源分布和生态环境平衡。改变生产方式、节能减排、加强科普宣传、引导公民树立低碳环保的生活理念、节电节水节约纸张、低碳出行、减缓气候变暖是减缓太白山积雪减少的有效措施。科学决策,适时开展人工增雨雪作业也是增加秦岭积雪,更好发挥秦岭水源涵养和调节作用的一种措施。

太白气象站位于太白山西部中山区,四周有山,距离鳌山等高山距离较近,高山积雪难以消融,年均高山积雪日数达到 150 d 以上,积雪最多月份集中在冬季。眉县气象站位于太白山北麓,距离高山区距离较远,高山积雪观测目标为测站南方山峰的阴坡,测站东、西、北三个方向无高山,年均积雪日数不足 40 d,积雪最多月份为降水量较大的 5 月。

7.2　华山积雪变化与气温和降水的关系分析

积雪是最敏感的气候变化响应因子之一,气候的变化必然引起积雪数量、面积和持续时间的变化,从而导致积雪地区水资源与河川径流季节分配的变化(白淑英等,2012;李培基,1999)。基于气象观测站的积雪观测资料和遥感影像等数据,众多学者对中国积雪的分布及长期变化趋势进行研究,发现新疆、东北和青藏高原东部为中国积雪日数和最大积雪深度的 3 个大值区(李栋梁等,2011),近 50 a 中国积雪日数和最大积雪深度呈现出冬季增加,春、秋季缓慢减少的趋势(王春学等,2012;何丽烨等,2012)。利用 1979—2014 年微波遥感数据分析东北冻土区积雪深度的时空变化规律及其异常变化,发现东北冻土区年平均积雪深度变化以减少为主,年平均积雪深度与气温突变年份较为吻合,都在 1986 年发生突变(刘世博等,2018)。白淑英的研究表明西藏高原雪盖面积呈缓慢波动减少趋势。陈春艳(2015)的研究表明 1961—2013 年间乌鲁木齐积雪平均持续 141 d,积雪开始和终止日期均呈推迟趋势,积雪持续期增加趋势不明显。1997—2006 年整个祁连山区域冰川积雪总面积有线性增加趋势,祁连山东段和中段积雪面积呈减少趋势(韩兰英等,2011)。近 50 a 来河套及其邻近地区 86% 的测站积雪日数呈减少趋势,且高纬度、高海拔的减少比低纬度、低海拔的减少更明显(惠英等,2009)。以上分析从多方面反映了我国东北冻土区、新疆、祁连山以及西部青藏高原(Wang et al.,2015)等主要积雪区域的积雪变化特征,同时,表明中国积雪分布广泛,受气候和地形影响,区域性差异明显。我国其他地区的积雪变化直接影响当地农业、林业和旅游业等的发展,其积雪特征研究同样具有重要意义。秦岭是中国南北气候和黄河与长江流域分界线,其主峰太白山气候变暖导致积雪减少,关中八景"太白积雪六月(指农历)天"已很少见到。同时,众多学者研究成果表明,积雪时空分布和积雪持续时间是气温、降水等气候因子共同作用的结果,积雪的年际波动与积雪时段气温和降水(雪)变化关系密切。积雪变化对气温敏感性的问题得到众多学者的关注,气温是影响四川和天山等地积雪变化的主要因素(马丽娟等,2010;李玉婷等,2016;Tang et al.,2017)。张丽旭(2002)分析认为 1967—1999 年天山西部中山带积雪呈增加趋势,积雪的增加主要是因为气候变暖引起冷季降水增加。天山山区积雪面积变化受海拔影响较大,在春、夏季,温度是决定积雪面积变化的主要因素,在冬季降水对积雪面积变化的贡献大于温度(秦艳等,2018)。

　　华山位于秦岭北麓、关中平原东部,地形地貌奇特复杂,号称"天下第一险山",拥有陕西和秦岭海拔高度最高、受人类活动影响较小、具有长时间观测资料的华山气象站,华山积雪变化研究方面的成果至今少见。利用华山气象站气温、降水、积雪等观测资料和 Landsat TM 卫星遥感影像资料,采用线性趋势分析、相关分析、通径分析等方法,分析华山积雪日数、积雪深度等变化特征及其与气温、降水以及大气环流变化的关系,以期比较全面地揭示华山积雪变化基本事实及其与气候变化的关系,深入了解秦岭气候变化及其影响的区域差异性,为相关领域的研究提供参考和借鉴。

7.2.1　研究区域和资料方法

　　华山位于陕西省华阴市境内,北临渭河平原和黄河,是秦岭支脉分水脊北侧的一座花岗岩山体,最高峰海拔 2154.9 m,处于 109°57′—110°05′E,34°25′—34°30′N,东西长 15 km,南北宽 10 km,面积约 119 km²(图 7.11(彩))。华山属暖温带大陆性季风气候,山体挺拔陡峭,从山麓到山顶气温直线递减,山麓和山峰天气差异较大。位于华山西峰的华山气象站,海拔 2064.9 m,是目前陕西境内海拔最高的具有长序列观测资料的气象站。1953—2016 年华山年平均气温 6.3 ℃,月平均气温 1 月为 −6.1 ℃,7 月为 17.7 ℃,平均年降水量 827.7 mm,月降水量 1月 13.0 mm,7 月 158.3 mm。

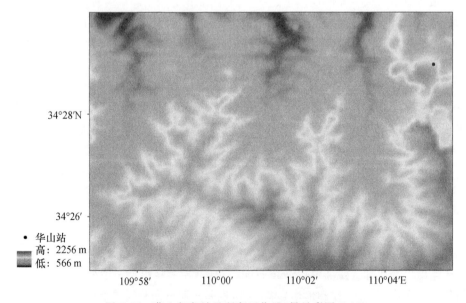

图 7.11　华山气象站及研究区位置(另见彩图 7.11)

　　气象观测资料来自陕西省气象信息中心,包括:华山气象站 1953—2016 年气温、降水、降雪日数、积雪日数、积雪初、终日期等气象要素的日、月、年数据,以及 1981—2016 年逐日积雪深度观测数据(注:1981 年前华山无积雪深度观测记录),数据全部按照中国气象局《地面气象观测规范》观测并经过严格的质量控制。遥感数据来自美国地质勘探局官网(http://earthexplorer.usgs.gov)提供的 1989—2016 年 Landsat TM 和 ETM＋影像数据,行列号为 126～36,空间分辨率为 30 m,时间分辨率为 16 d。500 hPa 高度场逐月 88 项大气环流指数数据来自国家气候中心。年度、月最大积雪深度指时段内观测到的逐日积雪深度最大值,累积积雪深度为逐日积雪深度之和。连续积雪日数指连续多日有积雪,且中间无间断的日数。按年度、冬半年(冷季)、冬季和月分别计算积雪日数,按年度计算最长连续积雪日数,按年度和月分别计算最大积雪深度和累积积雪深度。

　　遥感数据处理方法:利用 ENVI 软件的 FLAASH 模块对 TM 和 ETM＋图像进行大气校正,并根据研究区地理特征,在研究区选取 20 个控制点采用多项式模型进行几何精校正。经上述预处理后,利用 TM 影像 4、3、2 三个波段合成标准假彩色图像,得到研究区影像图。采用归一化差分积雪指数进行积雪信息的提取,归一化差分积雪指数法是基于积雪对可见光与短波红外波段的反射特性和反射差的相对大小的一种测量方法。对于 Landsat TM、ETM＋影像,用第 2、5 波段的反射率计算归一化差分积雪指数(I_{nds})(式(7.2)),参考 I_{nds} 阈值设定在 0.3～0.4 之间的标准(Hall et al,1995;郝晓华等,2008),结合目视判读的结果,将 I_{nds} 阈值确定为 0.4。并加入积雪识别的另外一个判别因子($b_4 \geqslant 0.11$),其中 b_4 为 Landsat TM 的第 4 波段(近红外波段)的反射率,按照决策树分类方法将云层与积雪分开,将积雪区域划分为浅雪区与深雪区,当满足 $I_{nds} \geqslant 0.4$ 且 $b_4 \geqslant 0.11$ 时,该像元被识别为积雪。当 $0.4 \leqslant I_{nds} \leqslant 0.6$,将其定义为浅雪区,当 $I_{nds} > 0.6$ 时,将其定义为深雪区。

$$I_{nds} = \frac{\rho_2 - \rho_5}{\rho_2 + \rho_5} \tag{7.2}$$

式中,ρ_2、ρ_5 分别为积雪的强反射与强吸收光谱波段的反射率。

　　本节采用最小二乘法做线性倾向估计(庞海洋等,2018),分析积雪日数、积雪深度、气温、降水量等气象要素随时间的变化趋势,用线性倾向率表示气象要素的变化趋势和速率。通过对气象要素与时间的相关系数进行检验,判断变化趋势是否显著。应用通径分析方法对比分析气温与降水量对积雪日数的影响及其影响通径。通径分析是在多元回归的基础上将简单相关系数分解为直接通径系数(某一原因变量对结果变量的直接影响)和间接通径系数(该原因变量通过其他原因变量对结果变量的间接影响)(魏凤英,2013;李雪梅等,2012,2016;杜家菊等,2010)。

7.2.2　华山积雪变化特征

(1)华山积雪日数和积雪深度变化特征

　　1953—2016 年度华山积雪日数最多为 120 d,出现在 1958 年度(图 7.12),最少为 17 d,出现在 1998 年度,64 a 平均年度积雪日数 78.5 d,以 8.3 d/10 a 的减少率显著减少;冬半年平均积雪日数 75.5 d,占全年的 96.2%,减少率 7.6 d/10 a;冬季平均积雪日数 46.5 d,占全年的59.2%,减少率 4.7 d/10 a。年度最长连续积雪日数为 67 d,出现在 1954 年度,最少为 5 d,出现在 1998 年度,64 a 平均年度最长连续积雪日数 25.1 d,减少率 3.5 d/10 a。以上积雪日数的线性倾向率均通过 0.01 的显著性检验。华山年度和冬半年积雪日数均在 1992 年度发生突变(李亚丽等,2020)。

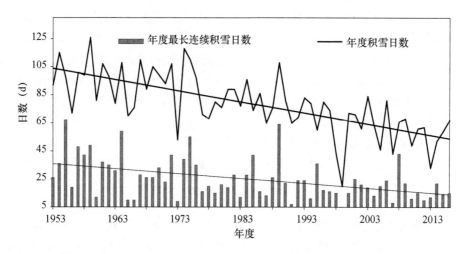

图 7.12　1953—2016 年度华山积雪日数及最长连续积雪日数变化图

1953—2016 年华山积雪出现在 10 月至次年 5 月(图 7.13),月平均积雪日数 1 月最多,为 16.1 d,其余依次为 2 月 15.6 d、12 月 14.7 d、3 月 13.5 d、11 月 11.3 d、4 月 4.2 d、10 月 2.5 d、5 月 0.6 d,6—9 月无积雪。64 a 来各月积雪日数均呈减少趋势,其中减少趋势较为明显的是:12 月减少率 2.0 d/10 a、1 月减少率 1.5 d/10 a、3 月减少率 1.2 d/10 a、2 月与 11 月减少率均为 1.1 d/10 a,除 2 月通过 0.05 的显著性检验外,其余月份均通过 0.01 的显著性检验,而 4 月、5 月、10 月积雪日数减少率相对较小。

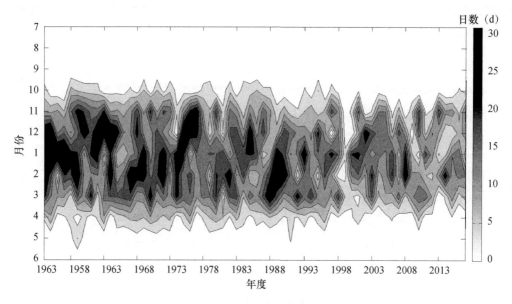

图 7.13　华山 1953—2016 年度历年各月积雪日数变化

1981—2016 年度华山最大积雪深度为 36 cm,出现在 2016 年 11 月 23 日,最小为 6 cm,出现在 2014 年度(2015 年 1 月 31 日、2 月 1 日、3 月 25 日和 4 月 6 日),年度最大积雪深度减少率 1.9 cm/10 a,减少趋势不显著,未通过 0.10 的显著性检验(图 7.14、图 7.15)。

1981—2016 年度华山累积积雪深度最大为 1022 cm,出现在 1987 年度,最小为 66 cm,出现在 1998 年度,平均为 415.3 cm,平均以 88.2 cm/10 a 的减少率减少,通过 0.01 的显著性检验。36 a 平均累积积雪深度冬半年 405.9 cm,占全年的 97.6%,平均以 83.9 cm/10 a 的减少率显著减少,通过 0.01 的显著性检验;冬季累积积雪深度 237.0 cm,占全年的 55%,平均以 46.8 cm/10 a 的减少率减少,通过 0.10 的显著性检验。

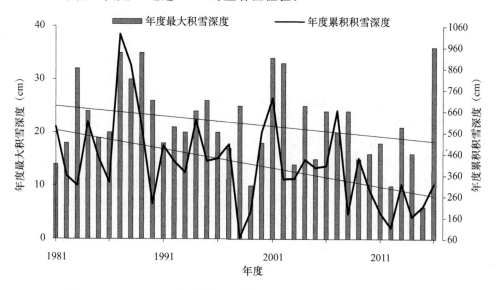

图 7.14　1981—2016 年度华山最大积雪深度、年度累积积雪深度变化图

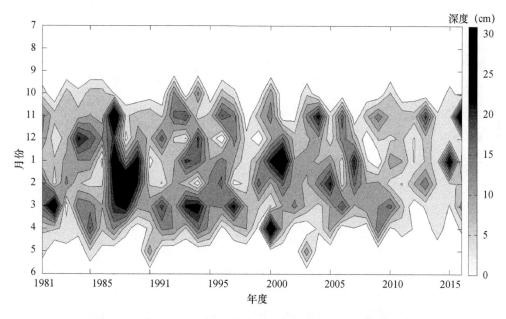

图 7.15　华山 1981—2016 年度历年各月最大积雪深度(cm)变化

1981—2016 年度各月平均累积积雪深度 3 月最大,为 92.2 cm,其余依次为 1 月 88.0 cm,2 月 81.1 cm,12 月 67.9 cm,11 月 57.1 cm。4 月、10 月、5 月月平均累积积雪深度小于 20.0 cm。3 月累积积雪深度减少率 37.0 cm/10 a,减少趋势最为明显,通过 0.01 的显著性检验;12 月以 22.8 cm/10 a 减少率明显减少,通过 0.05 的显著性检验。其他月份累积积雪深度变化趋势不明显。月最大积雪深度减少趋势同样是 3 月最为显著,减少率 3.5 cm/10 a,通过 0.01 的显著性检验;12 月减少率 2.4 cm/10 a,通过 0.05 的显著性检验。其他月份最大积雪深度变化趋

势不明显。

选取与华山积雪深度资料时段相同的 1981—2016 年度华山积雪日数分析发现:1981—2016 年度积雪日数最多为 97 d,出现在 1981 年度,最少为 17 d,出现在 1998 年度,36 个年度平均积雪日数为 67.5 d,平均以 10.3 d/10 a 的减少率显著减少;冬半年平均积雪日数为 65.2 d,占全年的 96.6%,减少率 9.2 d/10 a;冬季平均积雪日数 40.5 d,占全年的 60%,减少率 5.1 d/10 a。1981—2016 年度全年、冬半年、冬季积雪日数减少趋势较 1953—2016 年度更为明显。月积雪日数减少率尤以 3 月 3.1 d/10 a、4 月 1.1 d/10 a、10 月 0.9 d/10 a 较 1953—2016 年度更为明显,以上积雪日数的线性倾向率均通过 0.01 的显著性检验。

(2)华山积雪初日、终日和初终间日数变化特征

1953—2016 年度华山积雪初日最早出现在 10 月 2 日(1973 年度),最晚出现在 12 月 2 日(1999 年度、2002 年度),平均出现日期 10 月 26 日。积雪终日最早出现在 3 月 20 日(2003 年度),最晚出现在 5 月 22 日(1959 年度),平均出现日期 4 月 22 日。积雪初日以 2.8 d/10 a 的倾向率显著推迟,终日以 3.8 d/10 a 的倾向率显著提前,相对而言,终日提前比初日推迟的趋势更加明显。积雪初终间日数最长为 228 d(1973 年度),最短 128 d(2002 年度、2007 年度),平均初终间日数 179 d,以 6.6 d/10 a 的倾向率显著减少(图 7.16)。初日推迟、终日提前及初终间日数减少的线性倾向率均通过 0.01 的显著性检验。

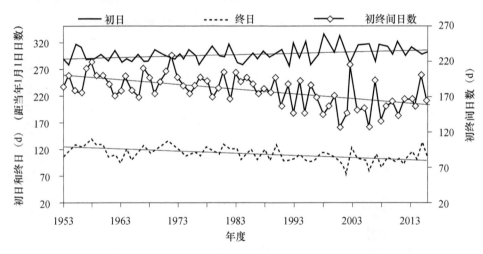

图 7.16　1953—2016 年度华山积雪初日、终日、初终间日数变化图

(3)华山积雪面积分析

选取 1989—2016 年遥感影像有积雪、同时台站观测有积雪记录的 15 幅晴空遥感影像 TM 和 ETM+数据,计算归一化差分积雪指数(I_{nds}),并按决策树分类法分别得出研究区域的积雪覆盖率、浅雪覆盖率和深雪覆盖率(表 7.5)。所选研究区像元个数 132370 个,将研究区内 $0.4 \leqslant I_{nds} \leqslant 0.6$ 的像元个数占总像元个数的百分比,计为浅雪覆盖率;将研究区内 $I_{nds} > 0.6$ 的像元个数占总像元个数的百分比,计为深雪覆盖率。

从表 7.5 可知,15 幅 TM 影像数据均在冬半年,其中 1989 年 2 月 24 日积雪覆盖率最大(图 7.17(彩)),积雪覆盖率 78.2%,面积 119.13 km²。20 世纪 90 年代积雪覆盖率明显下降,2000 年以后积雪覆盖面积波动中略有增长。28 a 来华山区域积雪覆盖率呈微弱的减少趋势,积雪覆盖率、浅雪覆盖率和深雪覆盖率分别以 4.0%/10 a、3.9%/10 a 和 0.2%/10 a 的减少率减少,但减少趋势不明显,均未通过 0.10 的显著性水平。

表 7.5　1989—2016 年华山区域积雪信息

时间(年-月-日)	华山站		区域覆盖率(%)		
	积雪指数(I_{nds})	积雪深度(cm)	积雪	浅雪	深雪
1989-02-24	0.699	30	78.2	68.5	9.7
1990-02-11	0.446	8	35.7	19.2	16.5
1994-03-10	0.506	11	8.9	8.2	0.8
1997-03-02	0.541	11	21.9	17.0	4.9
1998-03-21	X	12	3.9	3.9	0.0
2003-02-23	0.503	10	11.5	11.0	0.5
2005-02-12	0.426	2	16.7	15.5	1.2
2007-03-06	0.567	14	15.7	14.7	1.0
2009-11-22	0.458	9	34.5	21.0	13.5
2010-04-15	0.51	14	3.5	2.4	0.2
2011-03-01	0.63	14	56.9	41.3	15.6
2013-11-25	0.623	19	46.1	24.	22.0
2014-02-13	X	7	30.3	30.3	0.0
2015-01-07	0.468	5	3.5	3.2	0.3
2016-01-26	0.464	10	30.5	23.4	7.1

注:表中 X 表示华山站因云层影响数值不正确,I_{nds}缺。研究区总面积为 119.13 km²。

图 7.17　华山研究区 1989 年 2 月 24 日积雪覆盖图(另见彩图 7.17)

7.2.3　华山积雪变化成因分析

(1)华山气温和降水变化分析

1953—2016 年度华山冬半年平均气温为−0.9 ℃,降水量为 178.2 mm,占全年降水量的 21.5%;冬季平均气温−4.8 ℃,降水量 41.9 mm,占冬半年降水量的 23.5%。1953—2016 年度、冬半年、冬季的气温和降水量变化线性趋势分析结果显示:华山 1953—2016 年度平均气温显著变暖,增暖率为 0.2 ℃/10 a;冬半年和冬季气温的变暖趋势较年度更为明显,增暖率均为 0.3 ℃/10 a。1953—2016 年度降水量以 37.8 mm/10 a 的速率明显减少,冬半年降水量减少率 13.5 mm/10 a,以上均通过 0.01 的显著性检验。华山冬季降水量,减少率 2.2 mm/10 a (图 7.18),仅通过 0.10 的显著性检验。华山年度和冬半年平均气温均在 1994 年度发生突变,通过 0.01 显著性检验,与高茂盛等(2017)分析的陕西省年平均气温突变年份一致,冬季平均气温在 1986 年度发生突变。华山年度和冬半年、冬季降水量未发生突变。

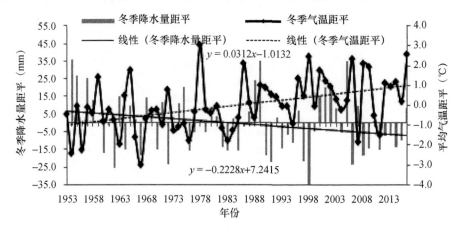

图 7.18　华山 1953—2016 年冬季平均气温、降水量距平变化趋势

(2)华山积雪变化与气温和降水变化关系

华山 1953—2016 年度、冬半年、冬季积雪日数与同期平均气温、降水量的相关分析结果表明:积雪日数与气温存在显著的负相关,与降水量存在显著的正相关(表 7.6)。在分析气温、降水变化趋势的基础上,基于这种显著的相关关系,应用通径分析方法对比分析气温与降水相互作用对华山积雪的影响及其影响通径。

利用同期平均气温、降水量建立逐步多元线性回归方程,拟合积雪日数,并用显著性水平 0.05 的 F 检验对因子进行判别,发现年度降水量被剔除,年度平均气温对积雪深度的直接通径系数(也称直接通径影响)为−0.767,该回归方程的可靠程度为 58.1%,剩余项对积雪日数的相对决定程度为 41.9%。即用年平均气温预估积雪日数存在一定的误差,原因是影响积雪日数的其他因素未被考虑,可能包括经纬度、海拔高度、地形地貌等因素。用冬半年平均气温、降水量建立的拟合冬半年积雪日数的逐步多元线性回归方程的可靠程度,达到 66.6%,高于年度,冬季积雪日数的拟合效果可靠程度(67.3%)最好。经独立性检验,回归方程均具有显著的统计学意义。

以冬半年积雪日数通径影响分析为例,分析气温与降水相互作用对华山积雪日数的影响:平均气温、降水量共 4 条通径影响积雪日数,其中包括 2 条直接通径:一条是平均气温对积雪日数的直接通径影响(－0.648),即平均气温越高,积雪日数越少,反之亦然。这是由于在其他条件都满足的情况下,需要一定条件的低温,降雪、积雪才可能发生,低温亦有利于积雪的维持。另一条是降水量对积雪日数的直接通径影响(0.345),由于华山 64 a 冬半年平均降雪日数占年平均降雪日数的 92%,冬半年降水大多为降雪,冬半年平均气温－0.9 ℃,满足积雪形成条件,因此,随着冬半年降水(雪)日数增多,降水量增大,积雪日数亦增多。两条间接通径:首先是气温通过降水对积雪日数的间接影响通径,间接通径系数为(－0.3068×0.345＝－0.1058);其次是降水通过气温对积雪日数的间接通径影响,华山冬半年降水量和平均气温为负相关,气温对积雪日数的直接影响也为负值,两种关系叠加,即为降水通过气温对积雪日数的间接通径影响(－0.3068×－0.648＝0.1988)。

表 7.6　1953—2016 年度华山气温、降水对积雪日数的通径影响分析

时段	气象要素	与积雪日数的相关系数	直接影响	间接影响		复相关系数	显著性水平
				平均气温	降水量		
年度	平均气温	－0.767*	－0.767*			0.767	0.001
	降水量	0.366*					
冬半年	平均气温	－0.754*	－0.648*		－0.106	0.822	0.001
	降水量	0.544*	0.345*	0.199			
冬季	平均气温	－0.644*	－0.586*		－0.058	0.827	0.001
	降水量	0.587*	0.522*	0.065			

注:* 表示通过 0.01 显著性检验。

以上分析表明平均气温、降水量与积雪日数不仅存在直接的单因素影响,而且平均气温、降水量通过相互之间的关系间接地影响积雪日数的变化。就绝对效应来看,无论冬半年还是冬季,平均气温对积雪日数的直接影响大于降水量对积雪日数的直接影响,但平均气温通过降水量对积雪日数的间接影响小于降水量通过平均气温对积雪日数的间接影响,这说明华山冬半年、冬季气温基本满足积雪形成的条件,降水量的增减对积雪日数有着至关重要的影响,但在全球气候变暖的大背景下,气温是影响积雪日数的更重要因素。由前面的分析结果可知,华山年度和冬半年、冬季积雪日数突变年份和相应时段的平均气温突变年份相近,但不重合,也说明华山积雪日数主要受平均气温的影响,同时还受其他因素的影响。

综上所述,1953—2016 年度华山平均气温显著变暖,降水量明显减少,年度积雪日数显著减少;冬半年气温较年度气温变暖趋势更为明显,而降水量减少趋势较年度弱,冬半年积雪日数减少率为 7.6 d/10 a。冬季华山平均气温变暖趋势与冬半年相同,但降水量减少趋势较冬半年更弱,冬季积雪日数减少率 4.7 d/10 a。与太白山西部中山区 1962—2014 年积雪变化特征相比较,华山的积雪日数减少趋势更为显著,减少率更大,与惠英等(2009)高海拔地区积雪日数的减少比低海拔地区更为明显的结论一致。太白山冬季平均气温升高,降水量增加,积雪日数减少趋势不明显。

(3)华山积雪变化与大气环流的关系

大气环流的变化是气候变化不可忽视的自然因素,1953—2016 年华山冬半年和冬季积雪日数与大气环流指数相关分析结果表明:冬半年和冬季积雪日数与同期西藏高原指数、印缅槽强度指数、南极涛动指数和西太平洋副热带高压(简称"西太平洋副高")西伸脊点指数呈现明显的负相关,与 850 hPa 东太平洋信风指数、亚洲区极涡面积指数呈现明显正相关,其相关系数均通过 0.01 显著性检验(表 7.7)。

表 7.7　华山积雪日数与大气环流指数相关分析

	西藏高原−2指数	西藏高原−1指数	印缅槽强度指数	南极涛动指数	西太平洋副高西伸脊点指数	850 hPa 东太平洋信风指数	亚洲区极涡面积指数
冬半年积雪日数	−0.63	−0.60	−0.49	−0.43	−0.41	0.49	0.35
冬季积雪日数	−0.68	−0.63	−0.52	−0.57	−0.53	0.52	0.52

注:均通过 0.01 的显著性检验。

　　进一步分析影响华山积雪日数的冬半年和冬季气温、降水与大气环流的关系,发现华山冬半年和冬季气温与西藏高原指数、西太平洋副高西伸脊点指数、印缅槽强度指数、亚洲纬向环流指数显著正相关,与 850 hPa 东太平洋信风指数负相关,相关系数均通过 0.01 显著性检验。说明西藏高原 850 hPa 位势高度为正距平,西太平洋副高位置偏西,印缅槽强度指数偏高,亚洲纬向环流指数偏高,850 hPa 东太平洋信风指数偏小时,华山冬半年和冬季气温以偏高为主。

　　冬半年降水量与南极涛动指数、850 hPa 西太平洋信风指数、西藏高原指数显著负相关,与北半球极涡面积指数、亚洲区极涡强度指数正相关,相关系数通过 0.01 显著性检验。冬季降水量与西太平洋副高强度指数、西太平洋副高面积指数负相关,相关系数通过 0.05 显著性检验。

7.3　太白山 2018 年雨雪过程转换时间分析

　　太白山是秦岭山脉的主峰,以高、寒、险、奇、秀、富饶和神秘的特点闻名于世,其巨大的高山落差,形成了太白山独有的天气气候特点。太白山由下向上分为暖温带、温带、寒温带、寒带、高山寒带五个气候带。太白山国家森林公园位于陕西眉县境内,海拔跨度为 620~3771.2 m,是我国海拔最高的国家森林公园。秦岭高山区由于环境艰苦,缺少气象观测站,可用于研究的气象资料很少。秦岭的降水资源不仅对陕西的生态环境和社会、经济发展具有重要影响,而且对我国南水北调等水源调配也有着广泛而深刻的影响。分析秦岭地区的降水相态的变化,对保护和改善陕西和我国南北地区的生态环境,促进社会经济的持续稳定发展具有重要意义。本节将利用 2018 年 1—12 月秦岭主峰太白山高海拔山区降雪记录和眉县、太白、汤峪 1 号、文公庙 4 个不同海拔高度气象站每次降雪(雨)过程气象要素,对比分析秦岭太白山不同海拔高度地区降雪过程出现早晚、持续时间、降水量大小等方面的差异,进一步了解太白山天气气候垂直差异,为准确预报太白山降水和降雪天气提供参考依据。

　　2018 年 1—12 月秦岭主峰太白山和秦岭其他山区海拔 2500 m 以上山峰的降雪记录,特别是太白山景区"天圆地方"(海拔 3511 m)雨雪转换时间资料来源主要有两部分:一是来自太白山景区的对外信息和宣传报道;二是来自西安等多个户外公司对外宣传中有关秦岭实时天气情况的图片等信息,主要是海拔 2100 m 以上山峰的宣传信息,两部分信息互为补充和借鉴,但只有降雪或降水日期,无降水量、积雪深度和气温等监测数据。每次降雪或降雨过程眉县、太白、汤峪 1 号、文公庙 4 个不同海拔高度自动气象站气温、降水、湿度、地温(0 cm、5 cm、10 cm)等多个地面观测气象资料,来自陕西省气象信息中心。

　　由表 7.8 可知:从降水时间段来看,秦岭高山区每次降雨或降雪时段与中山区(太白气象站,下同)、台塬区(眉县气象站,下同)降雨或降雪时段基本相同。秦岭高山区 2018 年 1 月 1 日至 6 月 8 日和 2018 年 9 月 27 日至 12 月 28 日,均有降雪记录,即 6 月 8 日为降雪终日,9 月 27 日为降雪初日。中山区太白气象站 2018 年 1 月 1 日至 4 月 14 日和 2018 年 11 月 14 日至 12 月 28 日均有降雪记录,即 4 月 14 日为降雪终日,11 月 14 日为降雪初日。台塬区 2018 年 1 月 1—28 日和 2018 年 12 月 27—28 日有降雪记录,即 1 月 28 日为降雪终日,12 月 27 日为降雪初日。太白山景区和西安秦岭户外组织对外资料显示,2018 年秦岭高海拔山区的积雪、冰冻等现象一直持续到 6 月初,4 月起积雪量逐渐减少,6 月初积雪逐渐消失;11 月起积雪量逐渐增加,其中 1—2 月积雪深度最大。根据户外公司资料,海拔 3000 m 以上山区一些地方积雪最深处至少有 1.5 m。降雪持续时间高海拔山区＞中山区＞台塬区,下半年降雪开始时间高海拔山区早于中山区,中山区早于台塬区,即随着海拔高度的增高降雪持续时间增长,下半年积雪开始时间提前。

表 7.8　2018 年秦岭不同海拔高度降雪(雨)记录一览表

秦岭			眉县			太白县		
日期	天气现象	观测地点	日期	降水量(mm)	天气现象	日期	降水量(mm)	天气现象
0102-06	暴风雪	小五台、五道梁	0102-07	13.9	雪	0102-08	11.4	雪
			0115	0	结冰	0115	0	雪
0124-28	暴风雪	秦岭全线	0124-28	6.1	雪、结冰	0124-28	2.9	雪
0131	雪	光头山	0131	0	结冰	0131	0.1	雪
			0208-09	0	结冰	0208-09	0	雪
						0217	0.2	雨
0220-22	大雪,1.5 m	太兴山	0219-21	1.7	雨	0218-21	5.3	雪
0304-07	雪,1.5 m	秦岭全线	0304-07	11.8	雨	0304-06	8.8	雨
						0307	0.1	雪
0316-19	雪	东梁、瓮峪	0317-19	11.3	雨	0317-20	11.9	雨
0330-31	雪	顶梁棚	0330-31	2.8	雨	0330-0401	0.6	雨
0403-05	雪	高山草甸、大寺	0405	20.2	雨	0404-05	29	雨
0412-14	雪	鹿角梁、牛背梁	0412-14	32.2	雨	0412-13	19.8	雨
						0414	0.9	雪
			0420	2.9	雨	0420	10.4	雨
			0423-25	16.6	雨	0422-25	10.5	雨
0505-11	雪	鳌山、东梁	0505-11	11.4	雨	0505-11	21.3	雨
0522	雪	鳌头	0517-22	19	雨	0517-22	25.5	雨
0525-26	雪	顶梁棚、太白山	0526	2.8	雨	0525-26	4.3	雨
			0603	0	雨	0601-03	1.6	雨
0607-08	雪	太白山景区	0608	26.2	雨	0607-08	36.9	雨
0609-0926		无降雪记录,降雨	0609-9.26		无降雪	0609-9.26		无降雪
0927	雪	太白山景区	0927	9	雨	0927	10.5	雨
1013	雨雪	鳌山	1013	0.2	雨	1013-14	4.3	雨

续表

秦岭			眉县			太白县		
1019-20	雪	秦岭分水岭	1019-21	1.8	雨	1016-21	10.4	雨
1104-07	雪	冰晶顶、太白山等	1104-07	10.9	雨	1104-07	10.9	雨
1110	雪	鹿角梁等	1110		无	1110	0.3	雨
1115-18	雪	秦岭全线	1114-17	12	雨	1114-17	7.1	雪
1127	雪	秦岭全线			无			无
1222-24	雪	黄峪寺等			无	1221-23	1.3	雪
1226-28	雪	秦岭全线	1227-28	5.6	雪	1225-28		雪

说明：表中秦岭山脉的降雪都有景区或者户外组织的降雪照片或者文字记录，"——"表示无资料。

2018 年 6 月 8 日是太白山景区天圆地方上半年最后一次降雪记录，9 月 27 日是太白山景区天圆地方下半年第一次降雪，该两个时间段之间，关中低海拔城镇地区均为降雨、晴天等天气，无降雪现象。由高山区的汤峪 1 号和文公庙、中山区太白、台塬区眉县 4 个自动气象站监测资料可知，无论上半年还是下半年，同一日最高、最低气温都表现为高山区＜中山区＜台塬区，即随着海拔高度的升高而降低；文公庙站海拔高度最高，与其他 3 站气温相差最大；6 月 8 日文公庙最低气温 0.1 ℃，为降雪提供了基本的温度条件，受降雪影响，9 日最低气温 −1.7 ℃，10 日降雪停止后最低气温升至 0.5 ℃以上。9 月 27 日降雪时，汤峪 1 和文公庙站的最低气温均在 0 ℃以下，且之后最低气温均在 0 ℃以下，为降雪提供了充足的温度条件，中山区和台塬区两个气象站最高和最低气温均高于 5 ℃(图 7.19)。因此，文公庙站气温≤0 ℃可作为秦岭高山区降雪的一项预报指标。

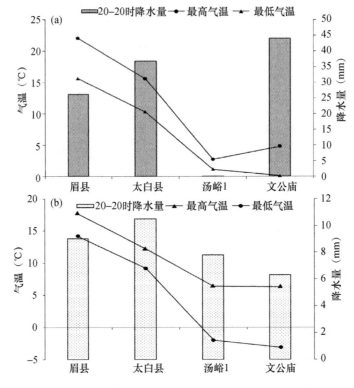

图 7.19　太白山 4 个气象站 6 月 8 日(a)和 9 月 27 日(b)气温和降水资料

　　处于秦岭中山区的太白气象站 2018 年上半年最后一次降雪是 3 月 7 日,下半年第一次降雪是 11 月 15 日。处于秦岭台塬区的眉县气象站 2018 年上半年最后一次降雪是 1 月 28 日,下半年第一次降雪是 12 月 27 日。分析眉县、太白 2 个气象站在 2018 年降雪起止日期各种气象要素变化,发现上半年最后一次降雪量小于下半年第一次降雪量,太白大于眉县,全年降雪持续时间太白长于眉县,下半年降雪开始时间太白早于眉县。

　　台塬区降雨开始后,秦岭中山区因海拔高度较高,气温仍然较低,仍多为降雪天气,且积雪、冰冻现象一直持续,海拔越高降雪天气出现次数越多。2018 年 1—12 月,最高和最低气温眉县>太白,气温年内变化呈抛物线型(图 7.20a)。降雪时间段内,气温均在 0 ℃以下,降雨时间段内,气温均在 0 ℃以上。眉县降雨时间为 2 月 20 日,早于太白县的 3 月 17 日,说明低海拔地区降雨持续时间长,降雪时间短。1 月和 12 月最低气温均在 0 ℃以下,太白和眉县都以降雪为主。2018 年降雪或降雨时间段内,太白和眉县日最小相对湿度均在 30%以上,差异很小(图 7.20b)。

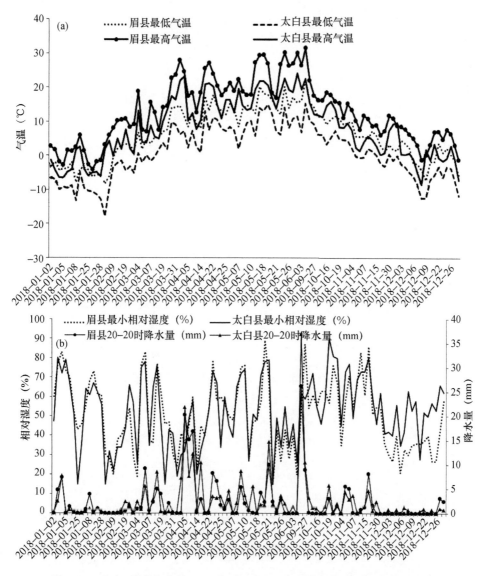

图 7.20　太白、眉县气象站 2018 年逐日气温(a)和降水量、最小相对湿度(b)

　　2018 年眉县降雪或降雨时间段内,地面 0 cm 日最高温度和日最低温度变化呈抛物线型,1 月、12 月降雪时段内地面 0 cm 日最低温度在 0 ℃以下,3—11 月为降雨时段,地面 0 cm 日最低气温均在 0 ℃以上,与雨雪转换时段相一致。1 月、12 月降雪阶段日最高温度在 5 ℃以下,2 月 20 日眉县降雨后则在 10 ℃以上。太白 11 月 17 日降雪,日最高温度降至 10 ℃以下,温度越低,越利于出现强降雪天气。2018 年降雪降雨时间段内 5 cm、10 cm 平均地温变化呈抛物线型,两站变化都很小,但两种地温数据都是眉县>太白,低海拔地区气温更高;降雪时段内,1 月 5 cm、10 cm 平均地温在 0 ℃左右,均高于 12 月;降雨时段内,5 cm、10 cm 平均地温均在 4 ℃以上。太白和眉县气象站各层平均地温 1 月、12 月差异较明显,10 cm 地温>5 cm 地温,相差约为 1 ℃,其余时间差异不大。说明降雪对 5 cm 地温有明显的降低作用。2018 年降雪或降雨时间段内,草面(雪面)日最高温度和日最低温度变化呈抛物线型,降雪时段内,草面(雪面)日最低温度均在 0 ℃以下,草面(雪面)日最高温度在 0～5 ℃,且 1 月低于 12 月,说明 1 月冷空气最强,气温最低。降雨时段内,草面(雪面)日最高温度在 10 ℃以上,草面(雪面)日最低温度均在 0 ℃以上。

第8章 秦岭积雪变化研究应用及科普宣传

由于秦岭南北的温度、降水、气候等呈现差异性变化,因而秦岭成为陕西乃至中国地理上最重要的南北分界线。秦岭在我国自然生态环境中具有如此重要地位,秦岭生态环境的保护,成为贯彻新发展理念、服务民生、落实黄河流域生态保护和高质量发展战略、促进秦岭范围人与自然和谐共生的必然要求。2019年9月,陕西省通过制定法规的形式保护秦岭,《陕西省秦岭生态环境保护条例》成为全国首部为一座山脉综合立法保护的地方性法规。2020年7月,陕西省政府正式修编发布《陕西省秦岭生态环境保护总体规划》,进一步明确秦岭生态环境保护工作的总体目标、重点区域、主要任务和治理措施等。

气候是自然和生态环境的重要组成部分,气候系统是人类社会赖以生存与发展的重要前提条件,有利的气候条件是自然生产力,是资源。不利的气候条件则破坏生产力,导致灾害。其中,气候监测评估发挥着重要的基础性作用。本书最大限度地利用秦岭现有气候监测网监测数据和资料开展研究,秦岭积雪变化研究是需求引领的结果,研究工作遵循边研究边应用的原则。一方面,通过撰写决策咨询报告和气象服务材料,为地方党政部门决策提供支撑;另一方面,也应用于气候变化影响方面的科普宣传中,针对热点问题开展科普宣传,向老百姓宣传普及秦岭天气气候特点和气候变化情况。

8.1 数说关中八景之一"太白积雪六月天"

在中国大陆东部(105°E以东),最高的山峰就是太白山的主峰拔仙台了,太白山是秦岭最雄伟的山,它是中国东部唯一能让人感受雪山的地方。在全球气候变暖的大背景下,秦岭气温升高,积雪减少,但秦岭32个气象站高山积雪观测记录分析结果表明,近30多年依然能观测到秦岭主峰太白山"六月积雪"的存在,说明关中八景之一"太白积雪六月天"名副其实,客观存在,只是已很难看到了。通过整理秦岭气象站地面积雪深度观测资料和高山积雪观测记录,完成秦岭32个气象站1980—2017年逐日高山积雪记录分析,绘制秦岭多年平均高山积雪日数分布图,发现秦岭主峰太白山的一片区域年平均积雪日数大于150 d,几乎每年都存在稳定积雪。秦岭高山积雪观测记录统计结果用具体的数据合理地解释了陕西关中八景之一"太白积雪六月天"的客观存在。

传统的"六月天"指农历六月。《水经注》中有记载,"太白山南连武功山,于诸山最为秀杰,冬夏积雪,望之皑然"。该景观在历史上应该是常见的。尽管全球气候变暖,秦岭气温升高,但近30多年依然能观测到人白山7月积雪的存在。1980年以来,眉县气象站7月观测到太白山高山积雪共16次,其中,2003年7月3—5日连续3 d有积雪;太白气象站1980年7月13日观测到太白山西部鳌山地区高山有积雪。分析结果同时表明,由于气候变暖,气象站观测到太白山高山积雪的天数已经很少,"太白积雪六月天"出现的天数越来越少,已很难见到(雷向杰,2018)。

从各个气象站所处地理位置和高山积雪观测记录看,远距离欣赏太白积雪比较合适的地方应该在眉县周边渭河沿岸一带。前面第 4 章和第 7 章也都从不同角度比较详细地分析了"太白积雪六月天"的特点。

虽然盛夏 7 月(农历 6 月)"太白积雪六月天"不易看到了,但太白山高山区的积雪景观是非常丰富的,1980—2016 年度太白气象站共观测到稳定积雪事件 37 次,平均每年 1 次。11月、12 月、1 月、2 月、3 月、4 月是有机会观赏雪山的季节;而且 5 月、6 月、10 月的积雪出现概率也较大,"五一"假期、"十一"假期看到积雪的概率很大,是感受太白山"一日历四季",欣赏太白积雪最好的时节之一。在山岳旅游度假气候资源评价中,冬雪观赏概率评价标准一般为:年积雪深度≥1 cm 日数>40 d 认定为观赏价值高,年积雪深度≥1 cm 日数 15~40 d 评定为观赏价值较高,年积雪深度≥1 cm 日数<15 d 评定为一般。太白山高山区没有长期观测积雪深度的气象站,但 30 多年高山积雪记录统计结果显示多年平均积雪日数达到 150 d 以上,冬雪观赏概率远大于 40 d 的评判标准,观赏价值极高。2015—2018 年,著者于 5 月底、6 月初曾 3次登上太白山海拔 3500 m 以上高山,其中 2 次看到积雪,在 10 月初和 11 月中旬两次登上太白山,2 次均看到积雪。

8.2　秦岭高山区"驴友"和游客伤亡事件分析

"鳌太线"(指纵贯鳌山—太白山这段秦岭主脉的穿越线路)因山水形胜出名,因攀爬难度大、危险性高吸引了越来越多的"驴友"(户外旅游爱好者),是国内"驴友"遇难人数最多的徒步路线。资深"驴友"感叹:"走鳌太就是走天气"。2017 年五一假期,30 多位"驴友"在穿越"鳌太线"时遭遇暴雪降温天气,导致 3 人遇难、2 人冻伤。1992 年以来,登记在案的鳌山、太白山意外伤亡事件有 20 多起,2000 年以后基本上每年都要发生几起(傅晓蕾,2016;《地图上的秦岭》编纂委员会,2017)。太白山 1992—2008 年发生的 14 起游客遇难遇险事件共造成 10 人死亡、2 人失踪,其中发生在 5 月的 5 起,明确记录发生在五一假期的 4 起,共造成 7 人死亡,1 人失踪。2017 年五一假期的暴雪失联事件,经过救援,30 位"驴友"中大部分人获救,但有来自云南的 3 人遇难,来自浙江的 2 人双手冻伤。

本书利用太白山区域内 13 个自动气象站 2017 年 5 月 1—7 日气温、降水、湿度、风、气压等监测数据和太白、眉县气象站高山积雪观测记录,针对 2017 年五一假期前后太白山的天气条件,探讨造成"驴友"游客伤亡事件的主要原因,有助于旅游管理部门和"驴友"游客了解太白山独特的天气气候特点,正确评估"鳌太线"穿越等秦岭高山区旅游的风险,最大可能地减少旅游意外伤亡事故。

秦岭主峰太白山为我国东部第一高山,1956 年中国第一支国家登山队成立,攀登的第一座山峰就是太白山,4 月 25 日队长史占春等 32 人成功登顶秦岭主峰太白山。太白山海拔3000 m 以上的山峰有 54 座,鳌山海拔高度 3475.9 m,太白山拔仙台海拔高度 3771.2 m(雷向杰等,2019;翟丹平等,2016),气候垂直分布带明显,高山区气候寒冷,空气稀薄,天气多变,雨、雪、积雪、冰雹、雾等天气容易使人迷失方向。山势陡峭,攀登难度大,是第一支国家登山队选择太白山的重要原因。现在太白山景区已经有了多条索道可到达高山区,登山不再像从前那样艰难,但上山人数多了,高山区天气寒冷,瞬息万变,如果对太白山天气气候特点了解不够,对在太白山高山区旅游的困难和风险估计不足,游客就很可能因为缺少食物和防寒设施陷入困境,严重者可能被冻伤或者因失温失去生命。

2012 年之前,对太白山高山区天气气候的认识主要基于以前的科学考察和气候调查(赵琳娜等,2008;陈明荣,1992),缺少连续的长时间气象监测数据,无法进行系统分析。2012 年,用于太白山一线秦巴山区剖面观测的 19 个自动气象站投入运行,其中建在太白山区域内的有 13 个,海拔 3200 m 以上的有 2 个,解决了太白山高山区缺少气象监测数据的问题,为深入研究太白山天气气候和灾害特点提供了条件。本节利用太白山 13 个自动气象站监测数据和太白、眉县气象站高山积雪观测记录,分析历史上五一假期发生游客伤亡事件时的天气条件,特别是太白山 2017 年五一假期游客伤亡事件的天气条件,分析"驴友"伤亡事件与高山区降雪、降温、积雪等天气条件之间的关系,对旅游管理部门和游客深入了解太白山独特的天气气候特点,正确评估"鳌太线"穿越等高山旅游风险,科学应对,有效遏制太白山高发的游客意外伤亡事故具有现实意义。

8.2.1　研究区域和资料方法

研究区域为整个太白山山域,重点是 2017 年五一假期"驴友"穿越的"鳌太线"及其周边地区。2017 年 4 月 30 日 30 多位"驴友"从塘口上山,穿越"鳌太线",5 月 2 日遭遇大暴雪后被困 30 余小时,最终 3 名"驴友"在跑马梁附近遇难,初步判断是失温致死(图 8.1)。

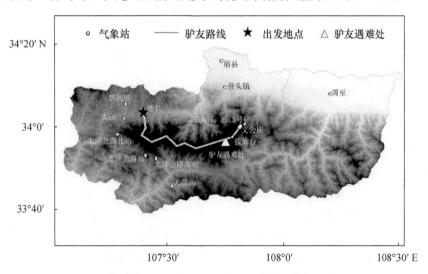

图 8.1　"鳌太线"路线、"驴友"遇难位置和气象站分布示意图

秦巴山区太白剖面观测系统中太白山境内的 13 个气象站监测气温、降水、湿度、风速、风向、气压 6 种气象要素,包括平均气温、最高气温、最低气温、降水(雪)量、平均相对湿度、平均风速、10 min 最大风速等 10 余种监测数据,眉县、太白气象站还有本站积雪深度监测数据和周边高山积雪观测记录。资料时间为 2017 年 5 月 1—7 日。数据来源于陕西省气象信息中心,观测数据严格按照中国气象局《地面气象观测规范》进行观测,经过了严格的质量控制。

8.2.2　天气条件分析

(1)气温变化

太白山高山区 5 月 1—7 日出现了比较明显的降温过程。5 月 1—7 日的日平均气温,太白山海拔高度较低的周至和营头气象站(图 8.2)1 日大于 20 ℃,2—3 日持续下降,3 日低于 15 ℃,4 日略有回升,5—7 日缓慢下降,但 3—7 日日平均气温一直徘徊在 15 ℃左右。而海拔 高度较高的汤峪 1 号气象站 1—2 平均气温大于 4 ℃,3—7 日均低于 1 ℃,其中 3 日和 5 日 分别为−1.4 ℃和−1.7 ℃;海拔最高的文公庙气象站 1 日和 2 日日平均气温分别为 3.1 ℃和 3.0 ℃,3—7 日均低于 0 ℃,其中 3 日和 5 日分别−2.5 ℃和−2.8 ℃。根据气候季节划分标 准(全国气象防灾减灾标准化技术委员会,2012;于建良,2017),5 月 1—7 日太白山海拔高度 在 3200 m 以上的汤峪 1 号和文公庙气象站附近山区一直处于冬季。

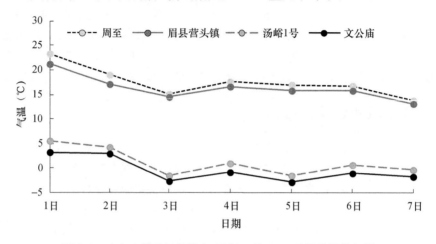

图 8.2　太白山部分气象站 2017 年 5 月 1—7 日逐日平均气温

5 月 1—7 日的日最低气温,汤峪 1 号和文公庙气象站分别为 1.2 ℃、3.3 ℃、−2.9 ℃、 −5.6 ℃、−4.2 ℃、−3.4 ℃、−2.8 ℃和−0.2 ℃、1.5 ℃、−4.2 ℃、−7.5 ℃、−6.4 ℃、 −5.7 ℃、−3.0 ℃。由此可知,降温之后的 3—7 日太白山海拔 3200 m 以上山区日最低气温 都在−2.8 ℃以下,日平均气温多在 0 ℃以下,可谓冰天雪地。

太白山气温垂直差异显著。《陕西省志・太白山志》将太白山地貌按海拔高度划分为四种 类型:海拔 3300 m 以上为高山,海拔 1350~3300 m 为中山,海拔 700~1350 m 为低山,海拔 500~700 m 为黄土台塬。13 个气象站 1—5 日、2—6 日、3—7 日 5 d 平均气温统计结果表明: 太白山海拔 700 m 以下台塬地区和海拔 800 m 以下的低山区大于 15 ℃,天气比较热;海拔 800 m 以上 1600 m 以下山区 10.4~12.8 ℃,天气温暖略带凉意;海拔 1600~3000 m 山区 1.8~9.8 ℃,天气寒冷。海拔高度越高气温越低。从图 8.2 可知,周至气象站 5 月 1 日日平 均气温大于 22 ℃,为夏天;2—7 日的日平均气温和 5 d 滑动平均气温均大于 10 ℃且小于 15 ℃,处在春季向夏季过渡的时期,天气较热。而 1—5 日、2—6 日、3—7 日 5 d 平均气温,汤 峪 1 号和文公庙气象站分别为 1.5 ℃、0.5 ℃、−0.4 ℃和−0.1 ℃、−0.9 ℃、−1.9 ℃,天气 异常寒冷。太白山中比文公庙气象站高的地方有许多,拔仙台海拔高度 3771.2 m,这些地方 气温更低,更寒冷。

从图 8.3a 可以看出,太白山 1—7 日 13 个气象站平均气温与海拔高度的关系十分密切, 二者关系用线性方程进行拟合,拟合度非常高。太白山 1—7 日平均气温随海拔高度升高的递 减率为 0.62 ℃/100 m。文公庙气象站 1—7 日平均气温−0.4 ℃,据此推算拔仙台最高处 1— 7 日平均气温可达−2.9 ℃左右。太白山 13 个气象站 1—7 日降水量和海拔高度关系密切,多 项式拟合结果表明:降水量随海拔高度的增加先增后降,最大降水高度出现在海拔 2000 m 以上(图 8.3b)。1—7 日最低气温与海拔高度的关系同样十分密切,线性方程拟合度非常高,最低气温随海拔高度升高的递减率为 0.50 ℃/100 m。文公庙气象站最低气温为−7.5 ℃,据此推算拔仙台最高处最低气温为−9.5 ℃。

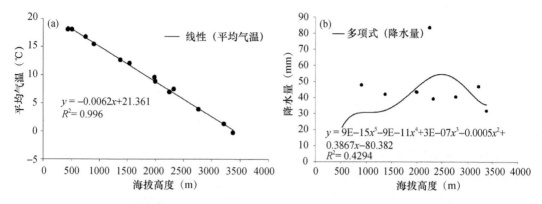

图 8.3　太白山各气象站 2017 年 5 月 1—7 日平均气温(a)和降水量(b)随海拔高度变化图

根据气候季节划分标准,分析 2013—2017 年汤峪 1 号、文公庙气象站逐日平均气温,发现太白山高山区最早进入春季的是 2015 年 6 月 25 日,最晚是 2014 年的是 7 月 16 日,最早和最晚年份相差 21 d;最早入秋的是 2013 年 7 月 7 日,最晚是 2016 年 8 月 19 日,最早和最晚相差 43 d;最早入冬时间是 2015 年 8 月 7 日,最晚是 2016 年 8 月 28 日,最早与最晚相差 21 d(表 8.1)。2013—2017 年太白山高山区春季最长是 2016 年 45 d,最长和最短相差 43 d;秋季最长是 2013 年 44 d,最长和最短相差 35 d;冬季最长是 2014 年 341 d,最长和最短相差 30 d。

表 8.1　太白山高山区历年季节起始日及季长

	春季	季长(d)	秋季	季长(d)	冬季	季长(d)
2013 年	7 月 1 日	6	7 月 7 日	44	8 月 20 日	315
2014 年	7 月 16 日	14	7 月 30 日	11	8 月 10 日	341
2015 年	6 月 25 日	31	7 月 26 日	12	8 月 7 日	322
2016 年	7 月 5 日	45	8 月 19 日	9	8 月 28 日	311
2017 年	7 月 8 日	2	7 月 10 日	29	8 月 8 日	334
多年平均值	7 月 9 日	23	8 月 1 日	9	8 月 10 日	333

(2)降水情况

从表 8.2 可知,2017 年 5 月 1—7 日太白山降水量 14.7~83.6 mm,降水主要集中在 2—3 日。2 日 08 时—3 日 08 时,各气象站平均降水量 34.8 mm,占 1—7 日总降水量 41.1 mm 的约 85%,其中,黄土台塬区 15.9~30.9 mm,低山区 12.9~47.7 mm,中山区 16.4~49.1 mm,高山区 8.5 mm 以上。文公庙 5 月 2 日 07 时至 5 月 3 日 03 时持续降水,期间仅 2 h 降水量不足 0.1 mm。降水量伴随降温,高山区天气湿冷。

1—7 日太白山≥0.1 mm 降水日数 2~7 d,其中黄土台塬区 2~4 d,低山区 2~5 d,中山区 3~7 d,高山区 7 d,即海拔 3200 m 以上山区天天有降水(表 8.2)。

表 8.2　　2017 年 5 月 1—7 日太白山各个气象站降水量和降水日数

站名	海拔高度(m)	降水量(mm)								降水日数(d)
		1 日	2 日	3 日	4 日	5 日	6 日	7 日	降水总量	
周至	436.0	/	0.3	18.8	/	/	/	0.4	19.5	3
眉县	517.6	/	/	15.9	/	/	/	0.2	16.1	2
营头	755.0	/	1.0	13.7	/	/	/	/	14.7	2
鹦鸽	907.0	/	2.1	43.4	/	1.3	/	1.1	47.9	4
大箭沟	1376.0	/	17.0	19.9	/	/	/	5.2	42.1	3
太白	1543.6	/	1.6	14.9	/	0.2	/	0.7	16.4	4
太洋公路南	1988.0	0.1	28.0	11.7	/	/	/	3.8	43.7	4
太洋公路北	2000.0	/	11.2	28.3	/	0.4	/	3.6	43.5	4
汤峪 3	2253.0	0.2	21.9	40.4	/	8.5	/	2.6	83.6	5
太洋公路	2329.0	/	11.2	10.4	/	0.2	/	3.5	39.3	4
汤峪 2	2767.0	/	20.2	14.8	0.8	3.9	/	0.8	40.5	5
汤峪 1	3213.0	0.9	31.5	9.6	0.9	/	2.3	1.1	47.1	7
文公庙	3378.0	2.4	2.7	5.9	16.8	1.0	0.1	2.8	31.7	7

说明:表中"/"代表该日无降水或降水量不足 0.1 mm。

(3)高山积雪

2017 年 5 月 2 日太白山高山区出现暴雪之后,气温寒冷,形成积雪。汤峪 1 号和文公庙气象站气温、降水监测数据表明高山区过程降水量大,气温低。太白气象站 3—6 日连续 4 d 观测到高山积雪。

(4)风、湿、压

由表 8.3 可知,2017 年 5 月 1—7 日太白山风速和 10 min 最大风速随海拔高度上升而增大,平均相对湿度随海拔高度增高增加,气压随海拔高度升高减少。海拔 3378 m 的文公庙气象站 1—7 日平均本站气压 673.2 hPa,仅为海拔 755 m 的营头气象站 931.3 hPa 的 72%,空气稀薄。高山区风速和湿度较大,且日变化大,天气变化剧烈。1—7 日,文公庙气象站 10 min 最大风速达 17 m/s,平均相对湿度 80%,最小相对湿度仅 11%。

表 8.3　　2017 年 5 月 1—7 日太白山各气象站气象资料统计表

站名	海拔高度(m)	最高/最低气温(℃)	小时最大降水量(mm/h)	平均风速/10 min最大风速(m/s)	平均/最低相对湿度(%)	本站平均气压(hPa)	最高/最低气压(hPa)
周至	436.0	29.9/9.9	3.9	2.1/7.9	64/20	964.5	973.7/952.1
眉县	517.6	28.8/8.5	3.7	2.0/7.2	62/20	959.4	969.0/947.0
营头	755.0	26.9/8.0	2.3	3.5/8.6	60/20	931.3	940.9/920.4
鹦鸽	907.0	28.1/8.5	6.7	1.4/3.8	69/24	913.7	922.7/903.3
大箭沟	1376.0	25.4/4.1	8.2	1.3/3.9	75/23	859.3	867.1/852.0
太白	1543.6	24.7/2.4	4.2	1.8/4.3	63/21	847.2	854.7/838.6

站名	海拔高度(m)	最高/最低气温(℃)	小时最大降水量(mm/h)	平均风速/10 min最大风速(m/s)	平均/最低相对湿度(%)	本站平均气压(hPa)	最高/最低气压(hPa)
太洋公路南	1988.0	21.1/1.7	4.8	0.7/4.7	74/28	803.6	810.5/797.5
太洋公路北	2000.0	20.4/−0.7	4.9	2.6/7.3	72/28	801.4	808.5/794.8
汤峪 3	2253.0	19.3/−2.3	7.8	1.5/5.3	78/25	774.2	780.7/768.3
太洋公路	2329.0	17.2/−0.3	4.2	0.8/6.0	73/33	768.9	775.2/763.1
汤峪 2	2767.0	14.5/−1.8	5.3	1.3/7.9	78/22	732.2	767.8/726.5
汤峪 1	3213.0	10.4/−5.6	5.3	2.7/3.6	77/08	691.8	696.8/687.0
文公庙	3378.0	7.2/−7.5	6.3	3.1/17.0	80/11	673.2	678.2/668.7

8.2.3　秦岭"驴友"和游客伤亡原因

上述分析表明,2017 年 5 月 1 日太白山不同海拔高度天气状况和条件差异较大,高山区天气寒冷、雨日多、风速大、湿度大、气压明显低于低山区。如果游客对高山区的风险估计不足,准备不充分,很容易遭遇困境。假期游客多,部分"驴友"准备不充分,遇到暴雪后长时间受困,最终体力不支造成伤亡事故。

高山区天气多变,遇到大风、降雨、降雪、积雪、大雾天气很容易迷失方向,因迷路耽误赶路,行程延长,物资准备不充分,极易陷入困境。而在太白山高山区,即便在盛夏 7 月和 8 月,大风、降雨、降雪、积雪、冰雹、大雾都会经常出现。2018 年 8 月上旬,中央电视台四套中文国际频道《远方的家》栏目摄制组历时 8 d,在秦岭拍摄,其中在太白山高山区拍摄期间,每天都遇到冰雹天气。《陕西省志·太白山志》记录的 1992—2008 年发生的 14 起太白山游客遇难遇险事件,半数以上事件发生时高山有降雪或积雪。太白气象站 1980—2014 年高山积雪记录分析结果表明,高山积雪初日和终日平均出现日期分别为 10 月 6 日和 5 月 10 日,最早初日为 7 月 13 日(1983 年),终日最晚为 6 月 30 日(1989 年),5 月高山积雪年平均日数达 3.1 d。上述分析说明太白山高山区 5 月天气寒冷多变,有积雪的情况比较常见。

高山区天气寒冷,上山前山下气温较高,暖意浓浓,上山后气温剧降,遇上降温降雪天气,海拔 3300 m 左右高山区最低气温降至 −7 ℃以下,据此推算拔仙台最高处最低气温接近 −10 ℃,对于准备不足的游客来讲,这种寒冷是致命的。一般来说,冷环境对人体的影响主要有三种类型:第一类是对组织产生冻痛、冻伤和冻僵;第二类是冷金属与皮肤接触时产生粘皮伤害;第三类是冷环境对人体全身性生理影响造成的低温不舒适症状。第一类、第二类影响,主要发生在温度极低的情况下,有时即使暴露时间不长,伤害也会发生。第三类影响,主要发生全身性的低温暴露时间较长的情况下,有时温度虽未低到足以引起冻痛和冻伤的程度,但是由于长时间冷暴露,人体热损失过多,深部体温下降到生理可耐限度以下,从而产生低温不舒适症状(徐向东等,1993)。太白山游客伤亡事故多数是因为长时间饥饿、寒冷,进而被冻伤或者导致失温,最终失去生命。

秦岭山区气压随海拔高度升高而降低,太白山高山区气压低,空气稀薄,容易引起高山反应,减弱"驴友"适应环境变化的能力。此前也发生过高山区空气稀薄导致游客出现高山反应或者引发其他疾病的情况。

目前,太白山高山区已建成若干个自动气象站,多种实时监测数据可显示在气象部门或者景区的电子显示屏或手机客户端上。建议游客上山之前,事先咨询、查阅相关规定、禁令和高山区天气状况,也可以简单地利用气温随海拔高度变化规律进行估算,地形对气温的影响,是随着海拔高度的升高而气温降低,海拔高度每升高 1 km,气温下降 6 ℃,把困难尽量预估得多一些,做好充分准备,尤其是来自南方,对寒冷天气了解和体会不多的游客。通常情况下,对于4.5～15.5 ℃以下的冷环境必须采取最简单的防护措施,以防止肢端冻伤;−12～−6.7 ℃以下的冷环境必须采取全身性冻伤防护措施。

8.3　决策气象咨询报告与气象科普宣传

8.3.1　决策气象服务(咨询报告)情况

近年来,陕西省气象局围绕秦岭南北坡的气象灾害、生态监测和农业产业调整等做了大量研究工作,形成了一批优秀的气象决策咨询报告。本书所依托项目取得的不同进展的阶段性研究成果,以《重大气象信息专报》《重要气候信息》等决策气象服务(咨询报告)形式,供党委政府有关部门参考。2020 年 4 月和 5 月,中国气象局和陕西省委省政府相关部门分别就秦岭气候变化和积雪变化约稿。另外,还指导相关市、县气象局开展服务,相关研究成果被西安、宝鸡、眉县等地气象部门参考应用。研究过程中联合宝鸡文理学院地理与环境学院培养硕士研究生 2 名、本科生 7 名,培养多名年轻技术骨干。

2015 年 12 月,陕西省气候中心制作发布《重要气候信息——秦岭主峰太白山近 50 年积雪呈现减少趋势》。2016 年 2 月,陕西省气象局编写咨询报告《关于秦岭主峰太白山近 50 年积雪演变情况的报告》上报省人民政府。2019 年 4—5 月,陕西省气象局以《重大气象信息专报》《重要气候信息》等形式,上报省政府题为《五一期间太白山高山区天气寒冷多变,需注意旅游安全》《近 56 年来秦岭山区积雪显著减少,气候变暖是造成积雪减少的主要原因》,以及《近 50 多年秦岭山区气温升高,降水减少,积雪日数和面积减少,深度变浅》等决策咨询材料,引起广泛关注。2018 年 11 月,陕西省气象学会推荐雷向杰正高级工程师参加了陕西省秦岭发展研究会《促进秦岭生态文明建设立法研究报告》撰写等工作,负责报告中气候部分的撰写修改,在相关报告提出秦岭"绿色水库"并强调"冰天雪地也是金山银山"的观点。《促进秦岭生态文明建设立法研究报告》由陕西省秦岭发展研究会于 2018 年 12 月 16 日上报陕西省人民代表大会常务委员会。

近年来随着秦岭南北麓的干旱、高温、暴雨(雪)等灾害性天气多发,强降水引发中小河流山洪、地质灾害等次生衍生灾害频发,气象部门还提供了相关的决策气象咨询报告。比如,围绕 2014 年 6—8 月秦岭南北麓的渭河流域及商洛地区严重旱情,评估综合气象干旱强度为 1997 年以来最重,干旱对陕西省秋粮和经济作物产生严重影响。又如,围绕 2015 年山阳"8·12"山体滑坡,商洛市山阳县中村镇碾沟村烟家沟组发生突发山体滑坡,致 64 人失踪。省、市、区(县)三级气象部门迅速上下联动、紧密配合,启动气象应急保障、服务救援工作。气象部门对 1961—2014 年来秦岭北麓关中地区连续监测分析,发现降水减少、气温升高,气象干旱日数增多、强度增强,农业干旱灾情趋重,及时提供该区域近 50 年来气候暖干化特征明显的咨询报告。

8.3.2　相关咨询建议

鉴于秦岭处于我国气候系统关键观测区,对天气预测预报和气候变化具有敏感性、关键性意义,立体监测、科技支撑、绿色发展是进一步保护秦岭生态平衡和生态保护的有效手段,无论党政部门还是气象部门,有以下努力方向:一是努力构建秦岭及周边综合立体气象与生态监测网。逐步补充覆盖"盲区",建设以秦岭为主体、辐射周边地区的"空天地"立体科学试验观测网络,在秦岭太白山等核心区建设大气本底站,为研究、监测和评估大气变化、云水资源进而研究对生态气候变化的影响提供基础依据。二是国省重大研发计划继续支持开展气象与多学科综合科学技术研究。开展秦岭天气气候和气象灾害监测评估、趋势预测和预报预警技术研发,开展秦岭对周边地区以及我国气候影响的机理研究,加深秦岭对气候变化以及天气系统、气溶胶、云微物理影响的认识,针对性地施行生态保护和生态修复。三是因地制宜适时开展人工增雨雪作业,根据南水北调中线水源涵养地保护需求以及秦岭高山积雪变化情况,通过科技手段对云水气候资源开展开发利用,增加水源总量,均衡水量分配,涵养好、保护好、利用好"中央水塔"水资源。

在秦岭特色气候资源品牌创建方面,陕西省气象局注重挖掘生态气候资源,组织创建"中国天然氧吧""中国气候康养之都""国家气候标志""气候好产品""避暑旅游城市"等气候生态品牌工作。截至 2020 年 7 月,全省已累计创建中国天然氧吧 14 个,包括蓝田县、周至县、略阳县、汉阴县、麟游县、太白县、柞水县、宁陕县、佛坪县、永寿县、旬邑县、商南县、留坝县和宁强县,数量位列全国第二。除了永寿县和旬邑县,其余 12 个均位于秦岭沿山。针对茶叶、蔬菜、苹果、猕猴桃、葡萄、樱桃、蜜橘、核桃、酥梨、柿子、石榴 11 种经济作物,共有55 家获得气候品质认证。2020 年在中国天气网(陕西站)策划制作中国天然氧吧专题,为已创建成功的中国天然氧吧县进行宣传和推广;打造第一届中国天然氧吧文化旅游节暨特色农产品展,带动气候资源开发利用与脱贫攻坚相结合、同发展。努力加强与地方政府合作,深度挖掘生态气候资源,开展秦岭中国天然氧吧、秦岭国家气候标志等生态文明品牌创建和区域气候可行性论证。

8.3.3　面向公众的秦岭气象科普宣传

陕西省气象部门围绕秦岭开展了气候变化、森林防灭火、生态监测、"中国天然氧吧"建设等一系列科普宣传工作,取得了良好的服务效果,为地方经济发展和决策提供有力保障。特别是秦岭高山积雪研究等相关研究成果,随着科学咨询报告等形式公布后,引起中国气象报陕西记者站、地方媒体的关注,也引起老百姓的关注。媒体先后对秦岭山区积雪和气候变化情况,秦岭山区气候垂直差异和高山区天气气候特点等进行采访,著者接受中央电视台、陕西电视台等新闻媒体采访 10 余次,发表新闻稿多篇,被多家媒体转载。著者在《人民网》《中国气象报》和中国气象局网站发表《秦岭高山积雪研究数说"太白积雪六月天"》《陕西:对秦岭主峰太白山 6 月积雪进行实地考察》《秦岭气候生态灾害风险新特征与应对策略》《开发利用空中水资源,加快建设美丽陕西》等文章,还有高山气象站积雪观测记录分析太白山积雪变化和开展实地考察的情况等报道,积极回应社会关切(部分截图见图 8.4)。

中国气象局网站,2018 年 6 月 22 日 3 版 秦岭高山积雪研究数说"太白积雪六月天"	《中国气象报》,2019 年 4 月 12 日 2 版 立体增雨显成效——陕西气象服务助力控制火情纪实
《中国气象报》,2019 年 6 月 21 日 3 版 探秘秦岭山区积雪变化	《陕西日报》,2018 年 4 月 10 日 开发利用空中水资源,加快建设美丽陕西
《中国气象报》,2020 年 5 月 21 日 4 版 秦岭:华夏文明的龙脉	人民网,2020 年 5 月 8 日 秦岭气候生态灾害风险新特征与应对策略
新浪陕西,2019 年 6 月 18—20 日 秦岭山区积雪显著减少 太白积雪六月天盛景难见	三秦网,2019 年 6 月 17 日,气候变暖导致 56 年来 秦岭山区积雪减少 "太白积雪六月天"盛景难见

图 8.4　面向公众的秦岭气象科普宣传稿件部分截图

参考文献

白红英,2014. 秦巴山区森林植被对环境变化的响应[M]. 北京:科学出版社.

白红英,马新萍,高翔,等,2012. 基于 DEM 的秦岭山地 1 月气温及 0 ℃等温线变化[J]. 地理学报,67(11):
 1443-1450.

白淑英,史建桥,沈渭寿,等,2014. 卫星遥感西藏高原积雪时空变化及影响因子分析[J]. 遥感技术与应用,29
 (6):954-962.

白淑英,王莉,赵巧华,等,2012. 博斯腾湖流域积雪变化及影响因素[J]. 湖泊科学,24(3):487-493.

鲍伟佳,刘时银,吴坤鹏,等,2017. 一种基于 MODIS 积雪产品的雪线高度提取方法[J]. 冰川冻土,39(2):
 259-272.

伯玥,李小兰,王澄海,2014. 青藏高原地区积雪年际变化异常中心的季节变化特征[J]. 冰川冻土,36(6):
 1353-1362.

陈安安,陈伟,吴红波,等,2014.2000—2013 年木孜塔格冰鳞川冰川粒雪线高度变化研究[J]. 冰川冻土,36
 (5):1069-1078.

陈春艳,李毅,李奇航,2015. 新疆乌鲁木齐地区积雪深度演变规律及对气候变化的响应[J]. 冰川冻土,37
 (3):587-595.

陈德亮,秦大河,效存德,等,2019. 气候恢复力及其在极端天气气候灾害管理中的应用[J]. 气候变化研究进
 展,15(02):65-75.

陈明荣,1992. 试论秦岭垂直温度带的划分[J]. 地理研究,11(3):27-31.

陈文倩,丁建丽,孙永猛,等,2015. 基于 NDSI-NDVI 特征空间的积雪面积反演研究[J]. 冰川冻土,37(4):
 1059-1066.

陈晓娜,包安明,刘萍,2010. 基于多尺度统计样本的天山山区 MOD10A1 分类精度评价[J]. 国土资源遥感
 (3):80-85.

陈晓娜,包安明,张红利,等,2010. 基于混合像元分解的 MODIS 积雪面积信息提取及其精度评价——以天山
 中段为例[J]. 资源科学,32(9):1761-1768.

陈颖,江远安,毛炜峰,等,2011. 气候变化背景下新疆北部 2009/2010 年冬季雪灾[J]. 气候变化研究进展,
 7(2):104-109.

除多,拉巴卓玛,拉巴,等,2011. 珠峰地区积雪变化与气候变化的关系[J]. 高原气象,30(3):576-582.

戴礼云,车涛,2010.1999—2008 年中国地区雪密度的时空分布及其影响特征[J]. 冰川冻土,32(5):
 0861-0866.

戴声佩,张勃,程峰,等,2010. 基于被动微波遥感反演雪深的时间序列分析我国积雪时空变化特征[J]. 冰川
 冻土,32(6):1066-1073.

党双忍,2019. 秦岭简史[M]. 西安:陕西师范大学出版社:333-336.

《地图上的秦岭》编纂委员会,2014. 地图上的秦岭[M]. 西安:西安地图出版社:1-217.

《地图上的秦岭》编纂委员会,2015. 秦岭森林公园[M]. 西安:西安地图出版社:1-11.

《地图上的秦岭》编纂委员会,2017. 秦岭经典穿越路线[M]. 西安:西安地图出版社:2-15.

杜家菊,陈志伟,2010. 使用 SPSS 线性回归实现通径分析的方法[J]. 生物学通报,45(2):4-6.

樊晓兵,彦立利,徐京华,等,2015. 基于多源数据的近 50 a 玛纳斯河流域冰川变化分析[J]. 冰川冻土,37(5):

1188-1198.

傅抱璞,1963. 起伏地形中的小气候特点[J]. 地理学报(3):175-187.

傅抱璞,虞静明,李兆元,1982. 秦岭太白山夏季的小气候特点[J]. 地理学报,37(1):88-97.

傅晓蕾,2016. 走脊线:秦岭从鳌山到太白山,行走龙脊之上[J]. 中国国家地理(10):114-127.

高茂盛,李红梅,王卫东,等,2017.1961～2014 年陕西省气候资源变化趋势及突变分析[J]. 中国农业大学学报,22(11):121-132.

葛全胜,等,2011. 中国历朝气候变化[M]. 北京:科学出版社.

郭忠明,顾祝军,吴红波,等,2016. 冰川雪线高度研究进展[J]. 遥感技术与应用,31(4):645-652.

韩兰英,孙兰东,张存杰,等,2011. 祁连山东段积雪面积变化及其区域气候响应[J]. 干旱区资源与环境,25(5):109-112.

韩婷,白哲,雷向杰,等,2020. 陕西秦岭地面积雪时空分布及变化特点[J]. 区域治理(3):165-168.

韩婷,雷向杰,李亚丽,等,2020. 秦岭区域性高山积雪事件变化特征[J]. 冰川冻土(待发表).

郝晓华,王建,李弘毅,2008.MODIS 雪盖制图中 NDSI 阈值的检验——以祁连山中部山区为例[J]. 冰川冻土,30(1):133-138.

何军,姚选平,1996. 秦岭山地降水的若干特征[J]. 陕西气象(5):22-23.

何丽烨,李栋梁,2012. 中国西部积雪类型划分[J]. 气象学报,70(6):1292-1301.

何咏琪,黄晓东,方金,等,2013. 基于 HJ-1B 卫星数据的积雪面积制图方法研究[J]. 冰川冻土,35(1):65-73.

侯慧姝,杨宏业,王秀梅,2010. 基于 MODIS 影像的内蒙古草原积雪监测[J]. 测绘科学,35(4):117-119.

胡列群,李帅,梁凤超,2013. 新疆区域近 50 a 积雪变化特征分析[J]. 冰川冻土,35(4):793-800.

惠英,李栋梁,王文,2009. 河套及其邻近不稳定积雪区积雪日数时空变化规律研究[J]. 冰川冻土,31(3):446-456.

姜萍,王晓威,2017. 近红外波段 ETM$^+$ 影像的积雪提取方法[J]. 测绘科学,42(11):41-46.

蒋友严,杜文涛,韩涛,等,2013. 基于 HJ-1B 数据的积雪制图 NDSI 阈值分析:以祁连山积雪为例[J]. 冰川冻土,35(3):648-655.

卡列斯尼克,1965. 普通冰川学[M]. 兰州:中国科学院地理研究所冰川冻土研究室.

卡列斯尼克,1982. 普通冰川学[M]. 兰州:中国科学院地理研究所冰川冻土研究室.

柯长青,李培基,1998. 用 EOF 方法研究青藏高原积雪深度分布与变化[J]. 冰川冻土,20(1):64-67.

雷向杰,2017. 业务服务一线科技工作者撰写科技论文的体会[J]. 陕西气象(2):24-28.

雷向杰,2018. 秦岭高山积雪研究数说"太白积雪六月天"[N]. 中国气象报,2018-06-22(A3).

雷向杰,韩婷,李亚丽,等,2019.2017 年 5 月太白山"驴友"伤亡事件天气条件分析[J]. 陕西气象(3):35-40.

雷向杰,姜创业,程肖侠,2010. 主体功能区规划与气象防灾减灾、应对气候变化[J]. 陕西气象(3):41-43.

雷向杰,李亚丽,李茜,等,2016.1962—2014 年秦岭主峰太白山地区积雪变化特征及其成因分析[J]. 冰川冻土,38(5):1201-1210.

雷向杰,毛明策,吴素良,等,2009.2008 年初陕西低温雨雪冰冻灾害分析[R]. 第 26 届中国气象学会年会气候变化分会场:1120-1125.

雷向杰,田亮,王毅勇,等,2020,秦岭主峰太白山 6 月积雪考察[J]. 陕西气象(1):26-30.

雷向杰,张艺博,2020. 秦岭以"一夫当关"之势再上"热搜". 实为凭实力阻挡水汽一山何以分界南北[N]. 2020-11-06(A3).

李栋梁,王春学,2011. 积雪分布及其对中国气候影响的研究进展[J]. 大气科学学报,34(5):627-636.

李海花,刘大锋,李杨,等,2015. 近 33 年新疆阿勒泰地区积雪变化特征及其与气象因子的关系[J]. 沙漠与绿洲气象,9(5):29-35.

李培基,1999.1951—1997 年中国西北地区积雪水资源的变化[J]. 中国科学(D 辑),29(S1):163-169.

李佩成,2008. 关于气候变化的哲学思考[J]. 地球科学与环境学报,30(4):331-336.

李茜,魏凤英,雷向杰,2020.1961—2016 年秦岭山区冷季积雪日数变化特征及其影响因子[J]. 冰川冻土,42(3):780-790.

李雪梅,高培,李倩,等,2016. 中国天山积雪对气候变化响应的多通径分析[J]. 气候变化研究进展,12(4):303-312.

李雪梅,张飞云,尚明,等,2012. 天山南北坡气象因子对出山口径流影响通径分析——以开都河和玛纳斯河流域为例[J]. 资源科学,34(4):652-659.

李亚丽,雷向杰,李茜,等,2020.1953—2016 年华山积雪变化特征及其与气温和降水的关系[J]. 冰川冻土,42(3):791-800.

李杨,李建刚,刘艳,2015. 北疆地区积雪与冻土变化的特征分析[J]. 水土保持研究,22(5):342-348.

李玉婷,柳锦宝,王增武,等,2016.2003—2012 年四川省积雪时空动态变化与气候响应研究[J]. 冰川冻土,38(6):1491-1500.

刘良明,徐琪,胡玥,等,2012. 利用非线性 NDSI 模型进行积雪覆盖率反演研究[J]. 武汉大学学报:信息科学版,37(5):534-537.

刘世博,臧淑英,张丽娟,等,2018. 东北冻土区积雪深度时空变化遥感分析[J]. 冰川冻土,40(2):261-269.

刘引鸽,葛永刚,周旗,等,2008. 秦岭以南地区降水量变化及其灾害效应研究[J]. 干旱区地理,31(2):50-55.

鲁渊平,1991. 陕西省 1990 年气候影响评价[J]. 陕西气象(2):27-30.

罗慧,2017. 防风险 强基础 补短板 积极应对极端天气气候[J],新华社(陕西领导专供)(32):31-33.

罗慧,2018. 开发利用空中云水资源 加快建设美丽陕西[N]. 陕西日报,2018-04-10(A5).

罗慧,2019. 生态危机资本逻辑批判视野下的中国生态文明建设新"气象"[J]. 气象软科学(2):24-31

罗慧,2020a. 关于暖湿化背景下的秦岭气候生态和灾害风险应对的调研与思考[J]. 调研与决策(3):46-49.

罗慧,2020b. 秦岭气候生态灾害风险新特征与应对策略[N]. 人民网,2020-05-08.

马丽娟,秦大河,2012.1957—2009 年中国台站观测的关键积雪参数时空变化特征[J]. 冰川冻土,34(2):1-11.

马丽娟,秦大河,卞林根,等,2010. 青藏高原积雪日数的气温敏感度分析[J]. 气候变化研究进展,6(1):1-7.

庞海洋,孔祥生,汪丽丽,等,2018.ENDSI 增强型雪指数提取积雪研究[J]. 国土资源遥感,30(1):63-71.

普布次仁,除多,卓嘎,等,2013.2001—2010 年喜马拉雅山珠穆朗玛峰自然保护区积雪面积的时空分布特征[J]. 冰川冻土,35(5):1103-1111.

秦大河,Stocker T,2014.IPCC 第五次评估报告第一工作组报告的亮点结论[J]. 气候变化研究进展,10(1):1-6.

秦艳,丁建丽,赵求东,等,2018.2001—2015 年天山山区积雪时空变化及其与温度和降水的关系[J]. 冰川冻土,40(2):249-260.

瞿娟,丁建丽,孙永猛,2013. 基于改进 SVM 的新疆北部地区积雪面积反演研究——以天山山区中段为例[J]. 资源科学,35(2):422-429.

全国气象防灾减灾标准化技术委员会,2012. 气候季节划分:QX/T 152—2012[S]. 北京:气象出版社.

陕西省地方志编纂委员会,2012. 陕西省志・太白山志[M]. 西安:陕西出版集团,三秦出版社:1-50.

陕西省发展和改革委员会,陕西省财政厅,2018. 秦岭生态系统综合管理研究[M]. 北京:中国发展出版社:209-246.

陕西省气象局《陕西气候》编写组,2009. 陕西气候[M]. 西安:陕西出版集团,陕西科学技术出版社:1-12.

陕西省秦岭生态环境保护委员会办公室,2020. 陕西省秦岭生态环境保护总体规划[EB/OL],http://sxi. cn/fggg/gghj/NzqmQr. htm.

陕西省委宣传部,等,2010.《大秦岭》解说词第五集感恩秦岭[N]. 陕西日报,2010-1-3(004).

单之蔷,2005. 太白:中国东部可以感受雪山的地方[J]. 中国国家地理(6):34-47.

石英,高学杰,吴佳,等,2010. 全球变暖对中国区域积雪变化影响的数值模拟[J]. 冰川冻土,32(2):0215-0222.

孙永猛,丁建丽,瞿娟,2013. 软硬分类方法结合提取新疆北部地区 MODIS 积雪信息[J]. 自然灾害学报,22(3):76-83.

万欣,康世昌,李延峰,等,2013.2007—2011 年西藏纳木错流域积雪时空变化及其影响因素分析[J]. 冰川冻土,35(6):1400-1409.

王春学,李栋梁,2012. 中国近 50 a 积雪日数与最大积雪深度的时空变化规律[J]. 冰川冻土,34(2):247-256.

王宏伟,黄春林,郝晓华,等,2014. 北疆地区积雪时空变化的影响因素分析[J]. 冰川冻土,36(3):508-516.

王建,1999. 卫星遥感雪盖制图方法对比与分析[J]. 遥感技术与应用,14(4):29-36.

王娟,雷向杰,卓静,等,2020. 秦岭主峰太白山积雪时空变化规律及驱动机制分析[J]. 干旱区资源与环境(待发表).

王娟,卓静,2012. 利用遥感技术监测太白山积雪年变化[J]. 陕西气象(1):30-31.

魏凤英,1999. 现代气候统计诊断与预测技术:第 1 版[M]. 北京:气象出版社:43-47.

魏凤英,2013. 现代气候统计诊断与预测技术:第 2 版[M]. 北京:气象出版社:37-41,63-66.

习近平,2018. 全国生态环境保护大会的重要讲话[EB/OL]. http://www.mlr.gov.cn/qrsy/rd/201805/t20180525_1778813.htm.

徐向东,袁修干,杨春信,1993. 低温环境对作业人员的影响及评价[J]. 中国安全科学学报,3(4):39-45.

彦立利,王建,2013. 基于遥感的冰川信息提取方法研究进展[J]. 冰川冻土,35(1):110-118.

杨观竹,鲁渊平,1990.1989 年气候影响评价[J]. 陕西气象(2):40-42.

于建良,2017. 气象行业标准《气候季节划分》(QX/T 152—2012)应用实例[J]. 科教导刊:电子版(36):284-284.

瞿丹平,白红英,秦进,等,2016. 秦岭太白山气温直减率时空差异性研究[J]. 地理学报,71(9):1587-1595.

张杰,韩涛,王健,2005. 祁连山区 1997—2004 年积雪面积和雪线高度变化分析[J]. 冰川冻土,27(5):0649-0654.

张丽旭,魏文寿,2002. 天山西部中山带积雪变化趋势与气温和降水的关系——以巩乃斯河谷为例[J]. 地理科学,22(1):67-71.

赵军,付杰文,付鹏,2014. 雪盖指数法提取积雪范围信息的不确定性研究—以玛纳斯上游地区为例[J]. 遥感技术与应用,29(2):293-299.

赵军,黄永生,师银芳,等,2015.2000—2012 年祁连山中段雪线与气候变化关系[J]. 山地学报,33(6):683-689.

赵琳娜,马清云,杨贵名,等,2008.2008 年初我国低温雨雪冰冻对重点行业的影响及致灾成因分析[J]. 气候与环境研究,13(4):556-566.

赵宗慈,罗勇,黄建斌,2015. 全球冰川正在迅速消融[J]. 气候变化研究进展,11(6):440-442.

赵宗慈,罗勇,黄建斌,2018. 回顾 IPCC 30 年(1988—2018 年)[J]. 气候变化研究进展,14(5):540-546.

郑璞,邓正栋,关洪军,等,2014. 基于 ETM+的积雪提取方法研究——以新疆玛纳斯河流域为例[J]. 冰川冻土,36(5):1151-1159.

中共中央文献研究室,2017. 习近平关于社会主义生态文明建设论述摘编[M]. 北京:中央文献出版社:132.

中国气象局,2003. 地面气象观测规范[M]. 北京:气象出版社.

中国气象局,2015. 沙尘天气年鉴:2015 年[M]. 北京:气象出版社:1-5.

中央气象局,1979. 地面气象观测规范[M]. 北京:气象出版社.

HALL D K, RIGGS G A, SALOMONSON V V,1995. Development of methods for mapping global snow cover using moderate resolution imaging spectroradiometer data[J]. Remote Sensing of Environment,54(2):127-140.

JIANG L, SHI J, YANG J, 2014. Estimation of fractional snow cover based on FY-2E/VISSR over the Tibetan Plateau[C]//General Assembly and Scientific Symposium (URSI GASS), 2014 XXXIth URSI. IEEE:1-4.

JOSHI R, KUMAR K, PANDIT J, et al,2015. Variations in the Seasonal Snow Cover Area (SCA)for Upper Bhagirathi Basin, India[M]//Dynamics of Climate Change and Water Resources of Northwestern Himalaya. Springer International Publishing: 9-21.

PANT N C, KUMAR M, RAWAT J S, et al, 2014. Study of snow cover dynamics of pinder watershed in Central Himalaya using remote sensing and GIS techniques[J]. International Journal of Advanced Earth Science and Engineering, 3(1): 122-128.

SATIR O,2016. Comparing the satellite image transformation techniques for detecting and monitoring the continuous snow cover and glacier in Cilo Mountain chain Turkey[J]. Ecological Indicators,69:261-268.

TANG Zhiguang, WANG Xiaoru, WANG Jian,et al,2017. Spatiotemporal variation of snow cover in Tianshan Mountains, Central Asia, based on cloud-free MODIS fractional snow cover product, 2001-2015 [J]. Remote Sensing,9(10):1045-1063.

WANG W,HUANG X,DENG J,et al,2015. Spatio-temporal change of snow cover and its response to climate over the Tibetan Plateau based on an improved daily cloud-free snow cover product[J]. Remote Sensing, 7(1):169-194.

后　记

　　本书是著者在实际工作中针对生态环境保护和社会经济高质量发展的需求,围绕秦岭生态气候变化新特征分析,聚焦秦岭及其典型区域太白山(主峰)和华山积雪变化基本事实和积雪变化与气温、降水变化的关系分析,从跨学科、重应用的角度,提出了秦岭气候生态环境保护的应对策略,形成了面向决策层的科学咨询报告,带领和组织相关技术人员开展研究所取得的阶段性成果,给出了气候变暖背景下秦岭陕西段的积雪变化情况和影响因素。因时间和专业领域所限,所跨领域和所分析要素还不够全面和深入。

　　例如,书中仅涉及秦岭积雪变化事实和秦岭积雪变化与气温、降水的关系分析,探讨秦岭积雪减少的主要原因。秦岭高山积雪考察的重点也是有无积雪和积雪多少,不涉及积雪密度、含水量、粒径等属性。

　　再如,书中秦岭区域性积雪事件和秦岭区域性稳定积雪事件定义参照了气象部门对沙尘、暴雨等天气过程等的定义,定义秦岭 32 个气象站中连续 3 天或 3 天以上有 5 个或者 5 个以上气象站有积雪为秦岭区域性积雪事件,其中连续 60 天或 60 天以上有 5 个或者 5 个以上气象站有积雪定义为秦岭区域性稳定积雪事件,定义中要求出现积雪的最少站数相对总站数的占比达到15.6%,这与我国多数地方区域性高温、暴雨、沙尘暴等天气过程定义中常用的 5% 和 10% 相比,是比较高的。也就是说,书中秦岭区域性积雪事件和秦岭区域性稳定积雪事件判断标准严格和苛刻,由此挑选出的事件虽然偏少,但都是非常典型的事件。研究者可以根据自身需要重新定义和统计,如果希望挑选的事件次数多一些,可尝试将定义中的 5 个气象站放宽为 3 个。

　　最后,21 世纪 20 年代我国已进入气象监测全面自动化的新时代,类似积雪深度和高山积雪观测这样的人工观测项目会逐步减少直至取消,雪深自动监测全面取代人工观测还有一段较长的路要走。尽快实现积雪深度的自动观测和数据传输,在没有实现积雪深度自动监测的地区,尽量保留积雪深度人工观测或者通过实景监测测雪尺等手段,保证资料的连续性同样十分重要。

　　著者努力将其结集出版,目的是回应社会关切、抛砖引玉,希望更多的人关心秦岭气候生态变化影响、更多有识之士参与相关研究,问题导向、需求牵引,逐步加深和完善秦岭气候生态变化影响方面的认知、研究和成果应用。

　　接下来著者及其团队将更多地投入到陕西重点产业创新链(群)项目"秦岭气候生态监测评估与生态修复型人工影响天气试验示范"(2020ZDLSF06-02)中,侧重利用秦岭山脉剖面(断面)气象观测系统、国家气象卫星遥感数据备份中心等数据,结合气候要素变化以及不同海拔高度气象要素的变化特征,进一步研究秦岭山地气候基本特征以及气候垂直演变规律,深入分析秦岭山地水热条件的变化对秦岭生态环境因子的时空演化特征影响。也将更加关注秦岭气候生态变化监测与评估等研究和综合成果应用。

著者

2020 年 7 月 26 日

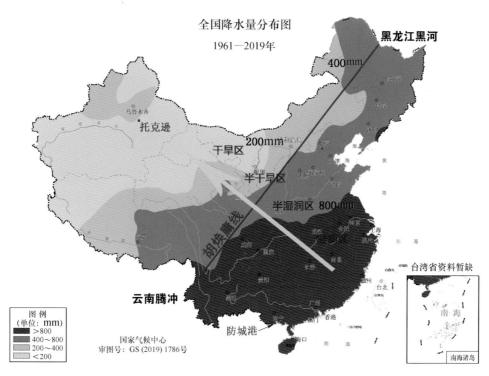

图 2.1 "胡焕庸线"与我国降水区域分布

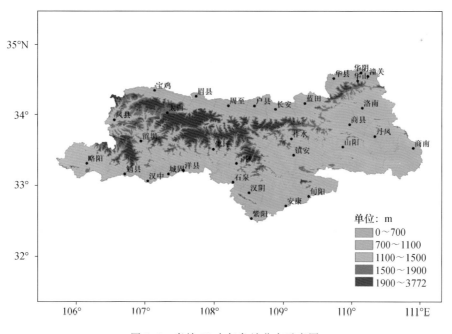

图 3.2 秦岭 32 个气象站分布示意图

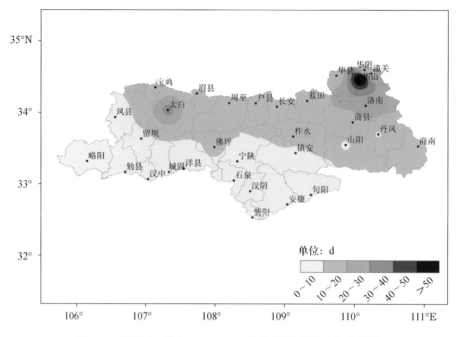

图 3.3　秦岭中、低山 1961—2016 年年平均积雪日数分布图

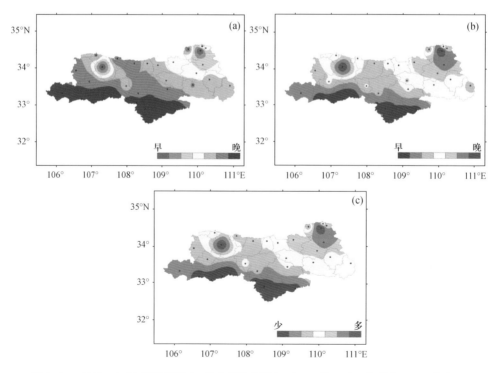

图 3.10　1961—2016 年度秦岭中、低山平均积雪初日(a)、终日(b)、初终间日(c)分布图

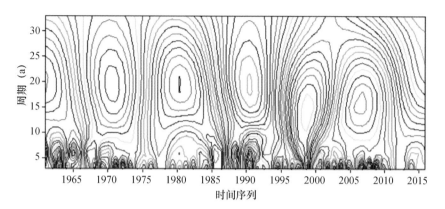

图 3.12　秦岭中、低山 1961—2016 年度地面积雪日数小波分析图

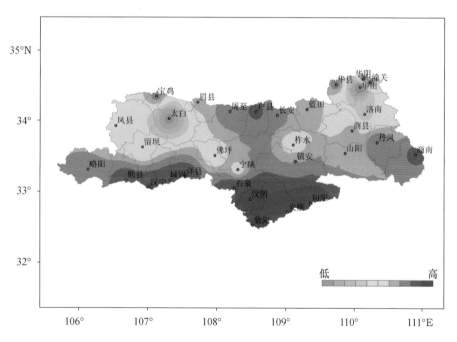

图 4.2　秦岭中、低山 1961—2016 年度 32 个气象站年平均气温分布图

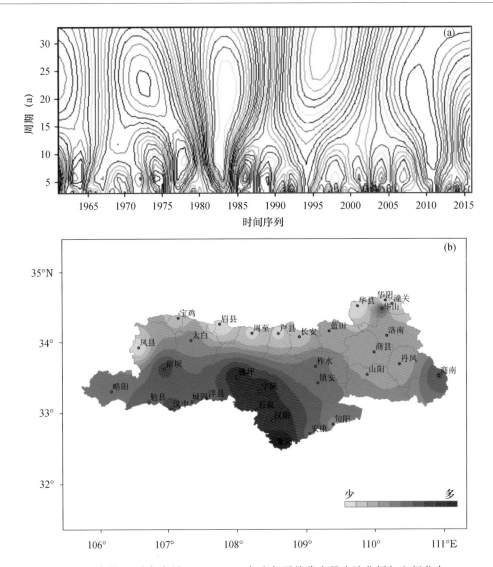

图 4.4　秦岭 32 个气象站 1961—2016 年度年平均降水量小波分析与空间分布

图 5.1　商洛市山阳气象站观测场周围的山(山阳气象局供图)

图 5.4　秦岭主峰太白山高山气象站

(a)大爷海;(b)文公庙

图 5.5　2018 年 6 月 2—3 日太白山的两处冰雪(a,c)、
大爷海海面薄冰(b)、路边冻土和小冰柱(d)

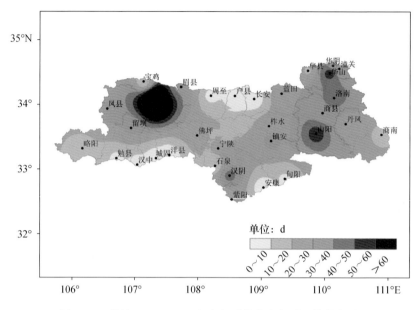

图 5.11　秦岭 1980—2016 年度年平均高山积雪日数分布图

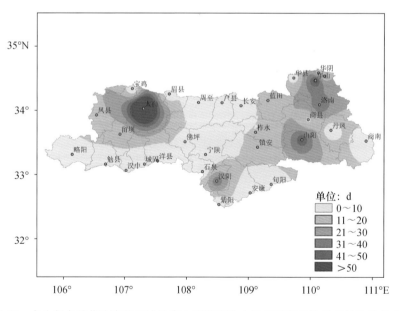

图 5.16　各个气象站作为秦岭区域性高山积雪事件中连续积雪日数最长站次数分布图

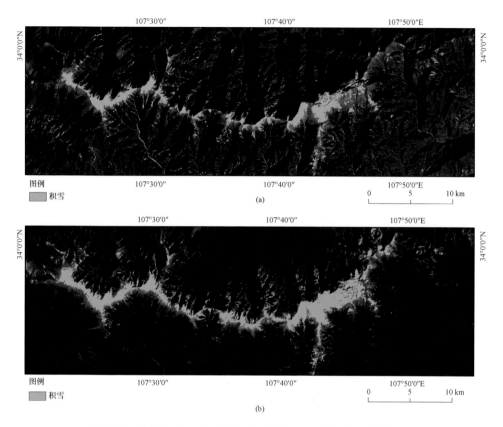

图 5.22　秦岭太白山 2002 年冬季(a)和 2004 年冬季(b)积雪面积

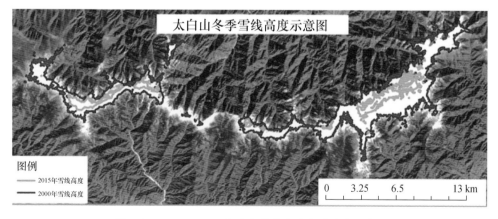

图 5.23　1999—2016 年度秦岭太白山冬季雪线示意图

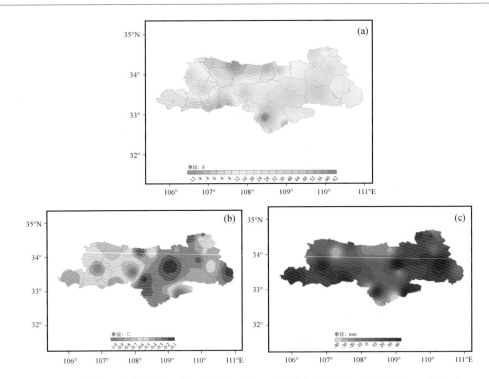

图 6.2 秦岭 5 个多高山积雪年度积雪日数(a)、平均气温(b)、降水量(c)距平合成图

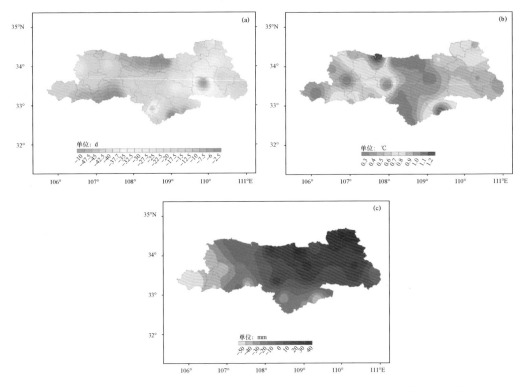

图 6.4 秦岭 5 个少高山积雪年度积雪日数(a)、平均气温(b)、降水(c)距平合成图

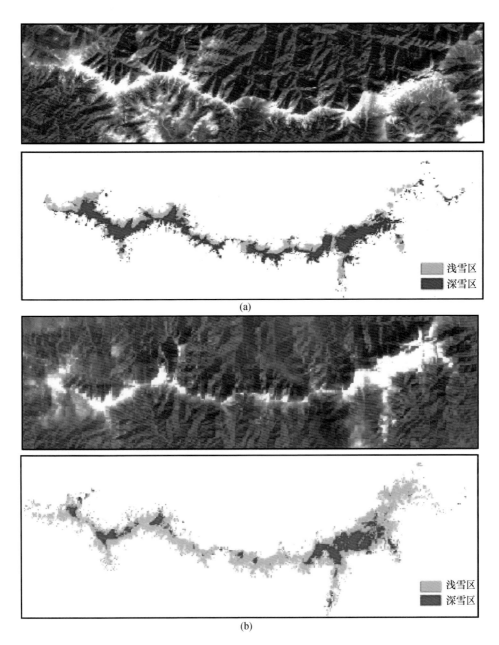

图 7.9　太白山 2000 年(a)和 2010 年(b)积雪分布图

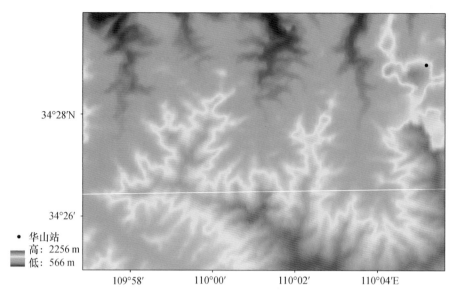

10

图 7.11　华山气象站及研究区位置

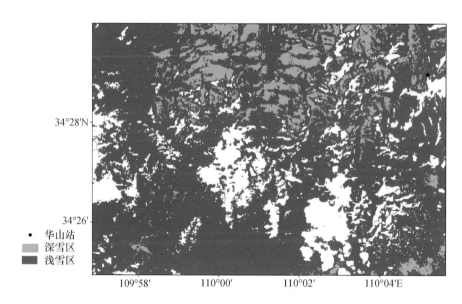

图 7.17　华山研究区 1989 年 2 月 24 日积雪覆盖图